JN078427

ヴィジュアル版

素晴らしき、きのこの世界

人と菌類の共生と環境、そして未来

Fantastic Fungi

ポール・スタメッツ 編著
Paul Stamets
保坂健太郎 日本語版監修
杉田 真＋武部 紫 訳

原　書　房

目　　次

日本語版序文

保坂健太郎
（国立科学博物館植物研究部）

言うまでもないが、この書籍は映画『素晴らしき、きのこの世界』に密接に関連した内容となっている。映画の中に登場する主要人物のほとんどが、何らかの手記を提供している。ちょっと調べてみたところ、アメリカで映画が封切られたのは2019年10月。ところが原著の書籍は2019年8月に出版されているので、どうやらアメリカでは書籍が先にリリースされたようだ。日本ではこれが逆の順番となるわけだが、本作品について言えば、まず映画を見てから書籍を読んだ方が、きのこにまつわる独特な世界によりスムーズに、そして深く入っていけると感じている。

僕は映画の日本語字幕を監修した縁もあり、本書の監修も担当することになった。いろいろ勘違いされると困るので強調しておくが、字幕は「監修」しただけで、翻訳したわけでも台本を作ったわけでもない。また、本書についてもあくまで監修であり、執筆したわけではない。なんでそんなことを強調したいかというと、映画も書籍も学術的に評価の難しい記述も多いからだ。

ただ僕がそう感じているのは、あくまでも菌類を研究する生物学者としての立場から、あわよくば学生の菌類学のセミナーなんかに使えないかな、と下心をもちながら読んでいるからであって、リラックスしながら読めばこんなに楽しめる作品はそうそうない。

本書はオリジナルが英語で出版されているので、その内容をできるだけ変更することなく、原著に忠実に翻訳されている。明らかにきのこの名前が間違っている場合などは、少しだけ手を加えているものの、記述も基本的にはそのままだ。もう少しきのこの名前を特定できそうな写真もたくさん使われているのだが、原著ではほとんどが“*species unknown*”とされていたので、「未同定のキノコ」とした。監修者の手抜きと言ってしまえばそれまでだが、オリジナルに忠実にやりぬいた、とほめてもらえるかもしれない。

それにしても、執筆者一同のきのこ愛（熱意）には圧倒される。僕自身はきのこを研究してはいるものの、きのこグッズは大して集めていないし、彼らのように「きのこが地球を救う！」と主張するほどきのこ愛に満ちてはいない。実はそれこそが、僕が「素晴らしき、きのこの世界」に感じる違和感の元凶なのかもしれない。だからみなさんは、余計な先入観無しに、きのこを愛する素直な心で、この作品をたっぷり楽しんでほしい。

まえがき

ポール・スタメッツ

アメリカの著名な菌類学者。新種のキノコの発見、
さまざまな新技術の開発、菌類に関するベストセラー本の執筆などの
活動により数々の賞を受賞。

キノコは謎めいた生物だ。

目の覚めるような色と形でどこからともなく現れたと思ったら、あっという間にいなくなってしまう。その驚くべき出現と不可解な消失により、何千年ものあいだキノコは禁断の果実のように見なされてきた。キノコがもっている知恵を垣間見（かいまみ）ることができるのは、シャーマン、魔女、祭司、博識な薬草医といったごく一部の専門家に限られていた。

それはなぜか?

強力な効果があるが、得体の知れない物体を恐れるのは自然なことだ。キノコには害になるものもあれば、薬になるものもある。多くは食用だが、稀（まれ）に食べた人をスピリチュアルな旅へといざなうものもある。キノコの研究が難しいのは、突然現れては突然地下へと戻っていくその性質のせいである。私たちは動物や植物との付き合いのほうが長く、大抵の場合、どの種が有益でどの種が有害であるかを知っている。だが、キノコはそうではない。キノコは私たちの目に映る風景にそっと入り込み、その後すぐに消えていく。ほどなくして記憶が薄れ、私たちは自分が見たものを思い出せなくなる。

キノコとは、肉眼で確認するのが困難な菌糸体ネットワーク——私たちが地面につけた足跡の下に存在する菌糸組織——の子実体のことである。棒や丸太を動かしてみよう。縮れたクモの巣のような無数の細胞群が四方八方に広がっているのがわかるだろう。それが菌糸体、すなわちあらゆる風景に溶け込んでいる菌類細胞のネットワークだ。菌糸体は食物網の基盤であり、すべての生命を結びつけている。だが、あ

［上段左から右］ 未同定のキノコ、アカカゴタケ属の一種（*Clathrus* sp.）（提供:テイラー・ロックウッド）、アカヤマタケ（*Hygrocybe conica*）、アカカゴタケ属の一種（*Clathrus* sp.）（提供：テイラー・ロックウッド）
［2段目］ カンゾウタケ（*Fistulina hepatica*）、ツキヨタケ属の一種（*Omphalotus olearius*）、未同定のキノコ
［3段目］ コベニチャワンタケ（*Microstoma protractum*）、アンズタケ属の一種（*Cantharellus* sp.）
［下段］ マスタケ（*Laetiporus sulphureus*）、未同定のキノコ、ヒイロチャワンタケ（*Aleuria aurantia*）

らゆる有機体のなかで世界最大の質量を誇り、数千エーカーの広さになるこの広大な地下ネットワークは、ありふれた風景のなかに身を隠し、周囲の状況を静かに察知しながら、生命を維持するための土壌づくりに専念しているのだ。

何千年にもわたって、私たち人間は食物に関する膨大な知識を蓄えてきた。飢餓は新種の食物を探すためのいいモチベーションになった。私たちの祖先は、一部のキノコが栄養価が高いだけでなく、味もいいことをすぐに理解した。キノコはタンパク質とビタミンを供給し、免疫システムの強化に役立つ。それらは、人類の生存においてきわめて重要だった。

年配者のなかには、自分の両親や祖父母と一緒に森で楽しくキノコ狩りをした思い出をもっている人が少なくない。彼らはキノコを苦労して見つけた経験があり、そのキノコが食用かどうかを見極める難しさや、毒キノコを見誤る危険性を理解している。また、自然で採れたキノコを使った料理のおいしさや満足感を覚えている。こうしたことはみな、世代を超えて家族を結びつける有意義な記憶になりうる。そして多くの場合、キノコが採れる場所は家族の秘密とされ、自分の子や孫にだけ伝えられる。

「キノコの体験」とは、まさにこうした一連の出来事のことであり、人間に根づいて成長していく。それは、時のなかを伸びていく菌糸のようであり、私たちの祖先と私たち、さらには私たちの子孫をつなぐ架け橋となる。

キノコの使い道を学ぶ人が非常に魅力的に感じるのは、キノコがもつさまざまなメリットだろう。実用的な物質であり、人間の生存を助ける力をもち、文化という織物の綾にもなるキノコは、土着の文化に浸透しているひとつのテーマである。

キノコに関する祖先の知識のなかには歴史に消えていったものがあるが、菌類の臨床研究が行われるようになったことで、多くの知識が科学的に検証されつつある。アオカビ（ペニシリウム、*Penicillium*）から生成されたペニシリンは、抗生物質時代の始まりを告げ、何百万もの人々の命を救ってきた。内生菌のタキソマイセス・アンドレアナエ（*Taxomyces andreanae*）は、特定種のがん治療に効果があるタキソール（*taxol*）を合成することがわかった。私自身、エブリコ（*Fomitopsis officinalis*）の抽出物が天然痘を含むウイルス群に効果があることを発見した。菌類はしばしば抗菌性があり、免疫系を強化し、ウイルス性疾患を予防または治療することができる。菌類には多種多様な効果があるが、人間の健康を改善することに関して言えば、私たちは菌類の世界がもつ無限の可能性を発見しはじめたばかりである。

食用キノコの多くはおいしく、健康にいい。だが、大部分のキノコは毒こそないも

［上段左から］コメハリタケ属の一種（*Mucronella* sp.）（提供：テイラー・ロックウッド）
ベニテングタケ（*Amanita muscaria*）
［下段左から］ダイダイガサ（*Cyptotrama asprata*）
アラゲウスベニコップタケ（*Cookeina tricholoma*）

シロキクラゲ（*Tremella fuciformis*）（提供：テイラー・ロックウッド）

［次ページ左］菌糸体、［右］未同定のキノコ

のの、味はよくない。ある文化では食べられないと考えられているキノコが、別の文化では珍味とされる場合もある。毒キノコのベニテングダケ（*Amanita muscaria*）は、ハエトリキノコと呼ばれている。網戸が発明されるずっと前の時代のヨーロッパの人々は、ベニテングタケを細かく刻んで酸味のある乳の容器の中に入れ、窓辺に置いて虫除けにした。

ベニテングタケは食べてはいけないキノコなのか、と思うかもしれない。アジアをはじめとする地域の採集者は、ベニテングタケを沸騰したお湯に入れてよく洗うと、水溶性の毒素が除去され、悪影響なく食べられることを発見した。バイキングの伝説に登場する狂戦士（ベルセルク）は、戦いの前にベニテングタケを食べて、殺人鬼のような狂乱状態になったそうだ。それは、このキノコに制御不能な反復運動を誘発し、痛みを無視できる効果があったためである。

シベリアのシャーマンはベニテングタケを食べていた。彼らは雪の上におしっこをすると、トナカイがその雪を食べに集まってくることに気づいた。それを知ったシベリアの人々は、もうろうとしたトナカイを投げ縄で簡単に捕まえることができた。たった1種類のキノコが、ハエを殺し、トナカイを集め、人間を凶暴化させ、適切な処置が施されていれば食料にもなることは驚くべきことである。

古代ヨーロッパから北アメリカにいたるまで、文化が進化するうえでの重要な出来事は、「マジックマッシュルーム」、とりわけシロシビンという成分を含むキノコの発見だっ

た。それらは人類の歴史を通じてさまざまな場面で使用されてきたが、アメリカとヨーロッパにおける最近の臨床研究では、シロシン（シロシビン生成キノコ）の投与が、外傷患者と死を恐れる末期患者をいかに救い、さらには犯罪的傾向の減少とどのような関係があるのかを示している。

マジックマッシュルームは、ヨーロッパとメキシコで数千年ものあいだ食べられてきた。シロシビン生成キノコの蜂蜜漬けは、現在でもメキシコで行われている。1516年のバイエルンのビール純粋令（ビールの原料を大麦・ホップ・水・酵母に限定する、ドイツの法律）以前、キノコはビールの原料として使われていた。こうした幻覚作用のある醸造酒は、地元の自然崇拝の一環だった。一部の植物考古学者は、マジックマッシュルームのミード——マジックマッシュルームを加えた発酵蜂蜜ベースの醸造酒——は、古代のヨーロッパやメソアメリカ（中部アメリカの古代都市文明圏）の儀式と関係があると考えている。

蜂蜜とミツバチとキノコは密接な関係にある。どういうことか説明しよう。本書と映画『素晴らしき、きのこの世界』は、映像作家のルイ・シュワルツバーグと私の10年以上にわたるコラボレーションの成果である。数年前、ルイはコウモリやチョウやミツバチなどの花粉媒介者（植物の花粉を運んで受粉を助ける動物）についての映画『花粉がつなぐ地球のいのち』（*Wings of Life*）を完成させた。ミツバチが奮闘する様子を見た彼は、あらゆる花粉媒介者のなかで最も偉大な生物が大量に死ぬのを知って悲しんだ。彼は私に痛切な問いを投げかけた。「ポール、ミツバチを助けるために君ができることはあるかい?」

ルイは菌類や昆虫に対する私のそれまでの取り組みを知っていたのだが、彼の質問は私が自分の庭で目撃した奇妙な出来事を思い出させた。1984年、私はふたつのミツバチの巣箱を持っていた。7月のある朝、キノコ畑に水をやりに行った私は、木片の表面に20匹ほどのミツバチが群がっているのに気づいた。近づいてみると、ミツバチは木片のあいだから顔を出していた菌糸体の白い糸からしみ出る小さな滴をすすっていた。40日間、夜明けから夕暮れまで、ミツバチの大群が巣箱からキノコ畑までの数百フィートの距離をひっきりなしに移動した。ミツバチは木片——彼らの体と比較すれば木製の巨大な柱（モノリス）のようなものだった——を動かし、その下のより多くの汁を出す菌糸体を露（あら）わにすることまでして、毎日菌糸体の汁を「搾（しぼ）り取って」いたのである。

ルイとの会話から数年後、このミツバチの記憶が白昼夢のなかで蘇（よみがえ）ってきた。その日の朝から、私は自分の庭のミツバチという点と、アメリカ国防総省の「バイオディフェンス計画」に携わる自分の仕事という点を結びつけて考えるようになっていた。このポスト9.11計画は、いくつかの他孔菌類の抽出物が、天然痘やインフルエンザといった潜在的に兵器化可能なウイルスの効果を弱体化させることに非常に有効であるという発見につながった。私は同じ抽出物が、ミツバチのコロニー崩壊の主要因となっているバロアダニ（ミツバチヘギイタダニ）がもたらすウイルスにも効果があるのではないかと思った。

白昼夢から覚めた私は、自分が何をすべきかを理解していた。ミツバチに対して多孔菌類の抽出物の実験を行い、消耗性ウイルスの予防に効果があるかどうかを確かめることだった。

４年後、ワシントン州立大学とアメリカ農務省の協力を得た私たちの研究チームは、森林地帯に存在する多孔菌類の抽出物がミツバチを殺すウイルスを減らすことを発見した。ミツバチが抽出物を摂取すると、ウイルス量が数千分の１に減少して、ミツバチの寿命が延びるのである。この画期的な方法は、ミツバチが蜂群（ほうぐん）崩壊症候群を克服するのを助け、世界中の食料のバイオセキュリティを強化することに役立つ可能性がある。芸術家と科学者の思いがけないコラボレーションから、このような歴史的なブレイクスルーが生まれたのだ。

キノコは肉体にとっては栄養であり、精神にとっては薬である。映画『素晴らしき、きのこの世界』と本書は、壮大なワンダーランドへの入り口である。本書では、深刻な環境問題への解決策として菌糸体の研究が行われていることや、西洋薬理学の現実的な代替手段としてキノコが注目されていることを取り上げ、さらに、菌類がもつ実証済みの驚くべき意識変容効果について解説する。地下に生息するキノコの世界へようこそ。私たちはみな、つながっているのだ！

第1部
地球のために

かすかに感じる　永遠に脈打つもの
あなたも感じ取ったなら　私たちは仲間よ
地球に命をもたらす
目に見えないけど　あなたのすぐそばにいる
あちこちに存在する　人の体内にもね
あなたが生まれてから　最期の時まで
暗いところにも　明るいところにも
一番古くて　新しい
最も大きくて　最も小さい
数十億年の英知を集めて
創造し　復活し　ときに嫌われる
そして再生する
私たちは……キノコよ!

菌類とキノコの「第3の世界」は謎の多い領域であり、その謎は地球に存在する生命の未来を左右するかもしれない。地球が直面する喫緊の課題が相変わらずわかりづらいと思う場合は、足元の地面に最も有望な答えが隠れているかもしれない。

大学で菌類学を専攻し、地球に対する菌類の情熱に触発された世界中の科学者や研究者は、地下にある相互に接続された生物ネットワークが、地球の自己修復能力についての新たな物語を明かしつつあることを次々と発見している。これらのネットワークがもつ固有のインテリジェンス——数十億年の進化の結果——は、私たちに多くのことを教えてくれる。

第1部では、人間がキノコを利用して地球を回復する方法を専門家が探る。

第１章
菌糸体――生命の源

スザンヌ・シマード

カナダ・バンクーバー、ブリティッシュ・コロンビア大学
森林科学部教授（森林生態学）。

林床（りんしょう）（森林の地表面）の下で起こっていることは、その上で起こっていることと同じくらい興味深く、同じくらい重要だ。通常、顕微鏡を使わなければ確認できない菌糸の活発なネットワークは、バランスと補給の連続的なサイクルのなかで空気や土壌や水をリサイクルしている。生物の生存は、自然選択ではなく、このネットワークに左右されるのである。

１本の丸太があったとしよう。それは、老木が枯死したか、何らかの病気に感染して倒れたものだ。菌類は地下からはい出て丸太全体に広がり、分解しはじめる。この菌類は、菌糸体という広大な地下植生ネットワークの一部であり、菌糸体そのものは、菌糸という微小なクモの巣状の有機体の糸でできている。１本の大きな丸太を占領する菌糸体（数千マイルもの長さになる）は、菌類を使って酵素と有機酸を送り出し、木材の細胞壁に含まれるリグニンという木材を強固にする物質を分解する。

腐敗の過程で、丸太は栄養素を放出する。その栄養素は、菌糸体を通して分配され、菌類をはじめとする食物網のほかの生物に利用される。さまざまな段階を経たあとで、このネットワークは丸太の表面に現れ、菌類の生殖器官であるキノコを形成する。したがって、キノコとはまさに「氷山の一角」であり、キノコの下の地中には菌糸体の広大なネットワークが隠れているのである。なお、キノコをつくる菌類は全体の１割程度にすぎない。あなたがキノコを狩るとき、地中に隠れて広がる菌糸体の広大なネットワークの上に立っているのだ。このネットワークは生命の基盤であり、陸上のあらゆる生命を養う土壌をつくり出す。菌類が存在しなかったら、土壌も存在しないし、土壌が存在しなかったら、生命も存在しな

［上・中］キヌカラカサタケ（*Leucocoprinus cepistipes*）
［下］ヌカホコリ属（*Hemitrichia* sp.）（提供:テイラー・ロックウッド）

いのだ。

この変成プロセスがなかったら、地球の成長は止まってしまうだろう。森林は有機性腐敗物質の何マイルも底に埋もれていたはずだ。私たちが大抵の森を歩き回れるのは、何千種もの菌類が林床のあらゆる有機デトリタス（堆積物）を腐敗させ、壊死物質をリサイクルし、生命を再生させているからなのだ。

丸太が腐敗して栄養素を放出すると、ダニや線虫といったほかの生物がやってきて、菌類や木材の残余物や、ほかの生物の排泄物を食べはじめる。その一部は養分循環の構成要素となり、トビムシやクモなどのほかの生物がやってきて線虫を食べ、さらにほかの生物がトビムシやクモを食べる。こうして食物連鎖は巨大な有機体へと成長していく。キノコもまたリスの餌となり、最終的にリスも鳥やクマなどの生物に食べられる。すべては、前述の木材分解菌に結びついている。各生物は寿命が尽きると土に還り、サイクルを満たしつづける。

あらゆる生態系において、死と腐敗は生命の根源である。このプロセスを経なければ、森林が再生されることはない。生命は大木のまわりに群がって、若い木々が育つ余地はなくなってしまうだろう。大木が光や水や栄養素をすべて吸い上げてしまうからだ。菌類のような腐敗生物は、この再生プロセスにとって不可欠な存在だ。彼らは生

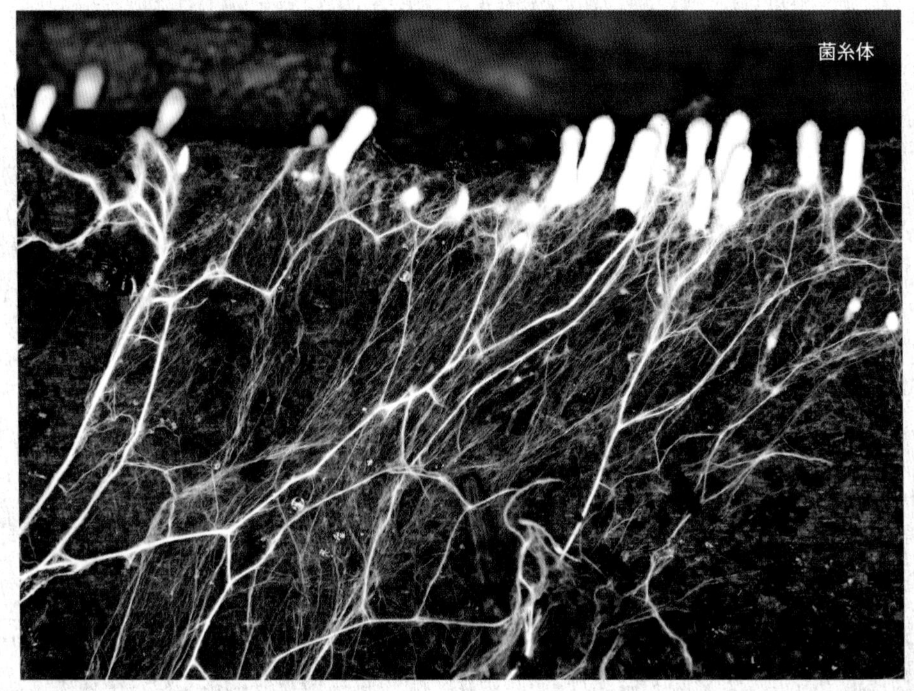
菌糸体

樹皮に生息する未同定のキノコと菌糸体

態系の基本的な構成要素であり、森林の成長にとっての根本的な出発点なのだ。

植物や森林や菌類のネットワークを維持し保護することで、私たちは、持続可能な地球を回復し維持する原動力となっている、美しくしなやかな自然コミュニティのサポート役になれるのだ。

母木と菌類のパートナー

森林とは、その種類に応じて、さまざまな大きさと構成の樹木が存在する非常に複雑な場所である。下層には小さな木々が伸びており、次いで親木、すなわち森林の持続的な多様性と世代間の健康を維持するための種子を提供する大木が存在する。これらの木々のなかで最大かつ最古のものを「母木」という。母木は、菌根菌と呼ばれる菌類によって、地下で自分を取り巻くほかのすべての木々（母木のコミュニティ）と結びついている。

菌根菌は、樹木と共生関係を築いている特殊な生物だ。菌根菌は、その菌体を土壌粒子に巻きつけて栄養素と水を抽出し、樹木の根に供給する。こうした貴重な栄養物の見返りに、樹木は菌類の生存に欠かせない糖を提供する。この糖には、樹木が光合成で蓄えていた炭素が注入されている。

気候変動は大気中に温室効果ガスが蓄積した結果であり、二酸化炭素（CO_2）がその元凶だ。二酸化炭素はまた、植物が光合成の際に利用するものでもある。植物は、葉や幹などさまざまな場所に炭素を蓄

主にパタゴニア、 チリ南部、 アルゼンチンで見つかる食用寄生キノコのキッタリア（*Cyttaria harioti*）

◉原生林――炭素の戦士

私は1955年7月17日に生まれた。当時、地球の二酸化炭素レベルは310～320ppmだった。現在は400ppmを超えており、控えめに言っても過去80万年で最も高い値である[1]。これは、私のこれまでの人生で20%以上増加したということだ。こうした地球の大気サイクルは、発生に数千年、あるいは数百年単位の時間がかかるのが一般的だが、それを私の60数年の人生で体験しているのである。地質学的サイクルの観点で言うと、これは突発的でほぼ瞬間的な現象である。科学者は警鐘を鳴らしているが、温暖化否定論者は現実を直視しようとしない。これは、人類が総力を上げて取り組まなければならない問題だ。

自然科学は、菌糸体ネットワークが炭素の最も重要な生物学的貯蔵庫として機能し、地上の植物や樹木よりもはるかに多い炭素を保存できることを明らかにした[2]。だが、私たちは地下と地上両方の炭素貯蔵庫が必要だ。原生林は世界のどこであれ地上における最高の炭素貯蔵庫である。かつて、原生林の価値を評価するために使用された測定基準は、材木の経済的価値だった。しかし、その測定基準は科学の進歩で急速に相殺されつつある。

私たちは危険な坂道を転げ落ちている途中だ。地球の森林破壊を行い、原生林を伐採して、炭素損失や気温の上昇や生態圏の荒廃に拍車をかけている。生物多様性が損なわれているのだ。人間は、貧困や病気や持続不可能性に直面しており、これらはみな十分に実証されている[3]。これに対して、無傷の森林生態系は、単なる材木よりも多くの生態系サービスを提供している。たとえば、水の浄化、日陰の提供、コミュニティに植物や昆虫や動物を与えることなどだ。森林を守ることは、私たちの生存だけでなく、将来世代の生存にとっても不可欠なことなのだ。――ポール・スタメッツ

スエヒロタケ（*Schizophyllum commune*）

カワラタケ（*Trametes versicolor*）

えるが、その７割以上は地下に運ばれる。[1] 菌根菌との根を介した養分取引が行われるまで、炭素は植物の細胞壁に貯蔵される。菌根菌が吸収した炭素は、何千年ものあいだ地下にとどまることができる。さらに驚くべきことに、菌糸体が死んでも、炭素はその内部に長期間保存される。したがって、菌糸体は将来に向けた「炭素の貯蔵庫」の役割を果たしているのである。

菌根菌は、地下の電話線のように、種に関係なく、近くにあるほかの樹木の根と結びつき、それらすべてを接続する糸状のネットワークを形成する。最大にして最古の樹木である母木は、これらの菌類とからみ合った最大の根系と最多の根端をもっており、より多くの木々と結合している。

私たちは血縁選択や血縁認知を動物的な行動と考えがちだが、研究によって、母木も菌根ネットワークを通じて自分の一族、すなわち実生（みしょう）の子孫を認識し、炭素を使って相互にやり取りをしていることがわかった。[2] 炭素は普遍的なコミュニケーション手段である。強い木々は、炭素の流れを調整することで弱い木々をサポートする。母木は周囲に害虫がいて、自分の子孫が危険にさらされていることを知ると、それらの競争環境を高めようとする。そのよい例が、メキシコ南部と中央アメリカ北部に自生するレウカエナ・レウコケファラ（*Leucaena leucocephala*、一般にはホワイトリードツリーやギンネムという名で知られている）という木だ。この木は競合種の存在を感知すると、土壌に化学物質を放出して、競合種の成長を阻止する。この不思議な作用は、菌類がいなければ実現しない。

チャールズ・ダーウィンが自然選択説を提唱してからというもの、科学者たちは競争と適者生存の概念が頭から離れなかった。多くの点で、私たちが生得的に有している競争本能は、互いの評価方法や、自然の管理方法に影響を与えている。私たちは、大きく強く、勝利のために最適な立場にいる個体を好む傾向があり、林業や農業や漁業でその傾向がうかがえる。その一方で、人々の行動様式と繁栄の方法は、コミュニティごと異なる。それは、森林もまったく同じだ。樹木と植物のあいだの協力は、競争と同じくらい重要であり、両者は連携して環境の変化や脅威に立ち向かっているのだ。

これまで、植物や樹木や菌類は、互いに協力して問題を解決することがない、消極的な生物であると考えられてきた。だが、研究が進み、彼らのあいだには役割分担があり、一緒に成長していることがわかってきた。「この仕事はあなたにお願いします。私はあの仕事を引き受けます。そうすれば一緒に繁栄できますね」といった具合だ。私は、この事実にとてつもない希望を感じた。自然は自らを癒（いや）そうとしている。草木を抜いて地肌を露出させても、すぐに植物が生えてくる。それは、彼らがその場所で生きたいと思っているからであり、すぐに現れて、自分たちがやるべきことに着手する。したがって、植物や森林や菌類ネットワークを維持し保護することで、私たちは、持続

ウスベニコップタケ（*Cookeina sulcipes*）

可能な地球を回復し維持する原動力となっている、美しくしなやかな自然コミュニティのサポート役になれるのだ。

【注】

1. T. A. Ontl and L. A. Schulte, "Soil Carbon Storage," *Nature Education Knowledge* 3, no. 10 (2012): 35, https://www.nature.com/scitable/knowledge/library/soil-carbon-storage-84223790.

2. Monika A. Gorzelak, Amanda K. Asay, Brian J. Pickles, and Suzanne W. Simard. "Inter-Plant Communication through Mycorrhizal Networks Mediates Complex Adaptive Behaviour in Plant Communities," *AoB PLANTS* 7, no. 1 (January 2015), https://academic.oup.com/aobpla/article/doi/10.1093/aobpla/plv050/201398.

【コラム注】

1. Rebecca Lindsey, "Climate Change: Atmospheric Carbon Dioxide," Climate.gov, accessed August 1, 2018, https://www.climate.gov/news-features/understanding-climate/climate-change-atmospheric-carbon-dioxide.

2. K. E. Clemmensen et al., "Roots and Associated Fungi Drive Long-Term Carbon Sequestration in Boreal Forest," Science (March 29, 2013): 1615-18; T. A. Ontl and L. A. Schulte, "Soil Carbon Storage," *Nature Education Knowledge* (2012): 35.

3. Luis Carrasco et al. "Unsustainable Development Pathways Caused by Tropical Deforestation," *Science Advances* 3, no. 7 (July 12, 2017).

アロエ・ポリフィラ（*Aloe polyphylla*）

第２章

直線をもたないということ

ジェイ・ハーマン

パックス・サイエンティフィック社の CEO 兼チーフインベンター。
AAAS レメルソンの発明アンバサダー。
オーストラリア・パースにあるカーティン大学の非常勤講師。

人類が今日まで生きつづけてこられたのは、ひとえに自然のおかげである。自然に備わっている創造性と革新性は、真に持続可能な社会を構築する方法を私たちに教えてくれている。

考えてみれば、自然（生命）は非常に長いあいだ、約 40 億年前から存在している。これまで存在していたほとんどの種、厳密にいえば 99.999％ がいまでは絶滅している。それらが何者で、どんな行動をし、どのような姿だったのかについての多くの証拠は、化石記録に残っている。そして現在、地球上には少なくとも 300 万種の菌類がいる。一部の研究者は、未発見の菌類が 1 億以上存在すると考えている[1]。いずれの菌類も、高度に設計された世界にいる私たち人間が、日常的に対処しようとしている問題に対して、数百、あるいは数千の解決策をもっているのだ。

生物模倣（バイオミミクリー）は、自然からインスピレーション（と教訓）を得て、人間が抱える複雑な問題を解決するための技術および科学のことである。鳥の羽を見事にコピーした先住民のブーメランから、トックリバチが巣をつくる方法をモデルにした製陶（せいとう）術にいたるまで、人間は産業革命が始まるまでの少なくとも 100 万年のあいだ、さまざまな用途でバイオミミクリーを行ってきた。現在の「菌類模倣（マイコミミクリー）」は、菌類ネットワークの知恵をもとにした新しいソリューションを生み出すための創造性のモデルとなるかもしれない。

組立ラインが製造現場に登場する前、人間は、おそらく建物を除いて、直線でものをつくることはなかった。船でさえ、魚や海鳥の姿形を取り入れつつ、直感的につくられた。それらは非常に頑丈であり、仕事を手際よくこなすことができた。だが、産業革命が起こって、ピストン駆動の蒸気エンジンのような爆発的な力が得られると、あらゆるもので直線が好まれるようになった。この時期、ニュートン物理学の法則が史上初めて発見され、応用されつつあった。

砂浜の波模様

直線は非常に理にかなっており、物事を容易にした。大量生産は、蒸気の使用や、のちの内燃機関の使用と連動して、はるかに単純になり、ますます重要なものになった。人類がこのパラダイムに入るにつれ、直線というアプローチに合致するエンジニアリングツール——平たく、真っすぐで、自然とは何の関係もないもの——が使用されるようになった。より多くのエネルギーが必要な場合、人間は、自然の仕組みの基礎となる最適な効率性——常に最小のエネルギーで最大の効果を発揮すること——について気にかけず、燃料を追加するだけだった。この方法はかなり長いあいだ好調だったが、地球の人口が数十億人に膨らんだ現在にあっては、原料不足の悪化とエネルギーの非効率性が深刻なマイナスの結果をもたらしている。

2018 年 5 月、ハワイ州はオキシベンゾンとオクチノキサートを含む市販の日焼け止めの販売または流通を禁止する法律を可決した。非営利の科学組織であるハエレティクス環境研究所の研究によって、これらの化学物質は露出したサンゴに害を及ぼし、漂白、奇形、DNA の損傷、そして最終的に死をもたらすことがわかった。
——ジェイ・ハーマン

ミダレアミイグチ（*Gyrodon merulioides*）（提供：テイラー・ロックウッド）

自然が提供するソリューション

自然の立場からすれば、直線的なものも、エネルギー不足のような概念も存在しない。これまでもなかったし、これからもないだろう。宇宙のあらゆるものはエネルギーでできている。個体物も例外ではない。私たちはみな、高校の授業でそのことを学んだはずだ。すべての原子は、期せずして渦巻状の小さなエネルギー場でできている。渦巻は、広大な銀河系から亜原子粒子にいたるまで自然が用いる唯一の形であることがわかっている。同じ形状であり、同じ種類の回転だ。この事実に気づいたとき、私は「自然の基本構造である渦巻を理解したい」と思った。渦巻の形状そのものを理解する試みにかなりの年月を費やしたが、その知識を応用できるまで自分のものにした。私は、市の貯水槽――1000万ガロン（約３万7000キロリットル）もの大きさのものもあった――の水を動かしつづけて、よどみやバクテリアの繁殖を防ぐための、シンプルな小型デバイスを開発した。

自然が提供するこのようなソリューションの例は無数に存在する。たとえば、紫外線にさらされることによるダメージを考えてみよ

キヌガサタケ（*Dictyophora duplicata*）

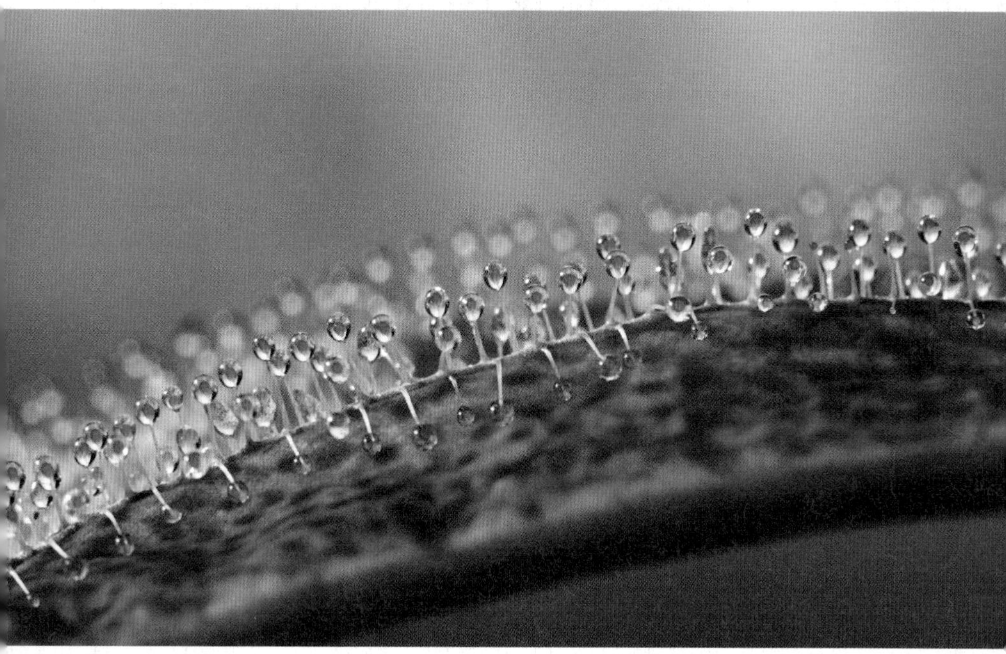

ハエトリグサ（Venus fly trap）

う。非黒色腫皮膚がんはアメリカで最も一般的ながんであり、日焼け止めで予防することは非常に重要である[2]。現在、約1800種類の日焼け止めが市販されているが、実はそのほとんどはあまり予防効果がない。それらはUVA（紫外線A波）かUVB（紫外線*B*波）のいずれか――両方ではない――を遮断するが、どれも肌にこすりつける化学物質を含んでいる。研究者が指摘しているように、それらの多くは、実際に日光にさらされるよりも健康に害がある[3]。

なかには次のように考える人がいた。自然界には、紫外線に暴露されても皮膚病にならない多くの生物が存在する。彼らはどのような対策を取っているのだろうか？　それらのなかで特に興味深いのは「カバの汗」だ。カバの汗には、防水、防腐、殺菌、駆虫の作用があり、UVAとUVBの両方をカットする。カバの汗を手に１滴垂らすと、その滴はひとりでに広がっていく。研究者は現在、カバの汗の解析調査に取り組んでおり、いずれ日焼け止めについての本を書き直させ、業界を一変させることになるだろう。

もうひとつの例は、私たちになじみ深い

私たちは、社会の大変革や技術の急速な進歩、これまで見たことのないような方針転換を目の当たりにしている。

「クモの巣」だ。クモの巣は、強度・重量比で考えると、世界最高の鋼の5倍の強度がある。クモの巣に関して興味深い事実は、鳥がクモの巣に飛び込まないことだ。それはなぜか？　なんと両者を接近させない工夫が施されているのだ。クモは、巣全体に小さなUV反射物を織り込んでいる。それは私たち人間には見えないくらい微小なものだが、鳥の目には見える。ドイツのある会社は、その技術を模倣し、ガラス板に小さなUV反射物を織り混んで「オルニルクス」(*Ornilux*) という製品を開発した。推定10億羽の鳥が、毎年ガラス窓にぶつかって死んでいる。これらの小さな反射物が、鳥の衝突を7割以上減らせることがすでに証明されている。この技術を導入することで、年間7億羽の鳥の命を救えるのだ。

バイオミミクリーの収益

産業革命が始まってからこの方、私たちは持続可能性を問題にすることも、意識することもなく経済成長の道を邁進（まいしん）してきた。1960年代後半にアメリカの魚類野生生物局で研究を始めたとき、私は「汚染」や「持続可能性」という言葉を聞いたことがなかった。幸いと言うべきか、私たちはもはや現在起こっていることについて目を背けることができないため、それらの問題に対する意識は高まりつつある。私が世界中の教育機関の子供たちと話してわかったのは、彼らは地球の未来が明るくないことを知っており、非常に悲観的になっているということだった。

菌糸体の特性を利用して、マット基礎、建築材料、高性能発泡体などの工業製品を製造する企業も増えている。

だが、こうした不吉な見込みがある一方で、私たちには別の可能性を模索できる素晴らしい能力がある。現在、持続可能性を回復し、地球と地球に存在する生物（人間も含む）にとって有望な未来を創造するためのいろいろな解決策を自然から学ぶことができるという意識が急速に高まっている。私たちは、人間の高度な科学技術と、自然を解析調査して得た知識を融合できる段階にいるのである。

現在、史上最も多くの大学卒業生がおり、若者たちはさまざまな夢や希望を抱いている。私が地球と生物の有望な未来について話をすると、若者たちは決まって元気を取り戻す。彼らは死刑を言い渡されているわけではないこと、チャンスがまだ残されていること、自分たちの手で世界をつくり直すことができることにふと気づくのである。私たちは、社会の大変革や技術の急速な進歩、これまで見たことのないような方針転換を目の当たりにしている。将来、大規模で抜本的な変化が間違いなく起こるだろう。いや、現にいま、それは起こりつつある。その理由は以下のとおりだ。

21世紀は、経済学者と会計士が世界を管理していると言っても過言ではなく、あらゆる決定は収益に左右される。収益に影響を与えるものは注目されるが、そうでない

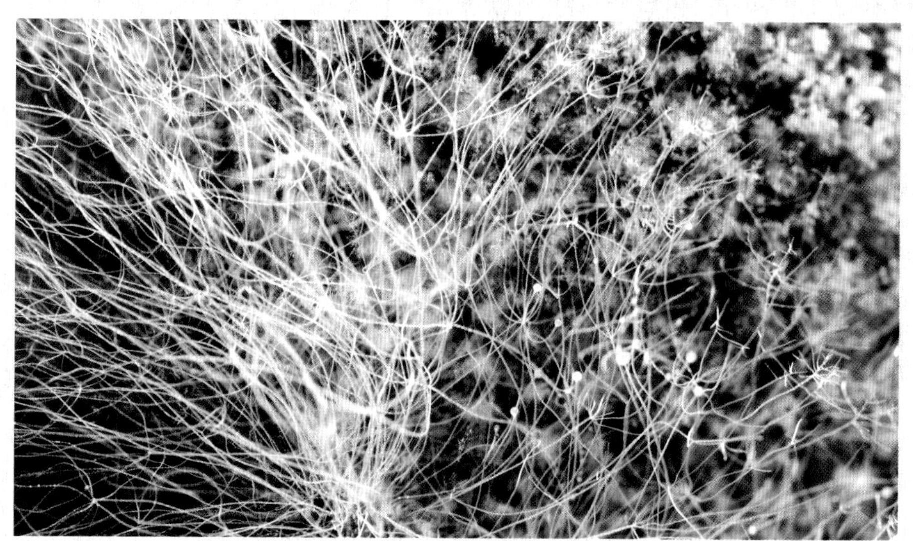

菌糸体

ものは空想にすぎない。バイオミミクリーは非常にプラスな影響を収益に与えている。もっと踏み込んで言えば、グリーンケミストリー（自然環境を保護し持続可能な社会を構築するための化学技術）やその他のバイオミミクリーのソリューションを使用することで、負債を減らすことができる。世界の財源のかなりの部分は保険金に依存しており、保険会社は常にリスクを最小化する方法を模索しているため、その効果は計り知れない。バイオミミクリーのアプローチはまた、エネルギーの使用と汚染を減らすメリットもある。

教養のある人々は、正しいことをしたいという思いに燃えている。いまがまさにそのときであり、持続可能な世界への関心はかつてないほど高まっている。大企業でさえ「持続可能な企業」と見られることを望んでおり、この種の活動をサポートするようになっている。これは単なるグリーンウォッシュ（環境に配慮しているかのように装うこと）ではない。彼らは心から活動に貢献したいと思っているのだ。バイオミミクリーは、驚くべき新発見が毎日のようにあるので、活気があり刺激的な分野だ。多くの人が、次の発見、次の素晴らしいアイデアに関心を寄せている。もし、それらの発見やアイデアから生物模倣的で持続可能な製品が誕生したら、それは明るい未来への強力な原動力になるだろう。

菌糸体の頭脳

菌糸体やキノコの神秘を認めることなく、自然に備わっている知性を議論することはできない。私たちの*DNA*が菌糸体に非常によく似ていることを踏まえて、菌糸体の成長パターンに注目すると、それが私たちの神経系や静脈系、さらには星々が宇宙全体に散らばっている様子と実質的に同じであることがわかる[4]。菌糸体ネットワークは、人間の神経経路と構造が同等であるばかりか、電解質や電子パルスの使い方も似ているのだ。

菌類の特性を医薬品や環境修復に応用することは急速に進んでいるが、それだけでなく、菌糸体の特性を利用して、マット基礎、建築材料、高性能発泡体などの工業製品を製造する企業も増えている[5]。

菌糸体には単一の頭脳のようなものがあるのだろうか？　菌糸体の力は、まったく驚嘆に値する。彼らは生命を支え、生命を変質させ、生命を運び、生命を再利用する。傷を癒したり、環境を浄化したりもできるし、私たちの意識を変化させることさえできる。さらに言えば、ほとんどどんな状態でも生き抜くことができる。菌糸体は実に驚くべき存在なのだ。

私は最近、人間が絶滅した場合にどの種が地球を引き継ぐかについて予想した物理学者の記事を読んだ。それにはふたつの候補が示されていた。ひとつは高い知能をもっているイカやタコなどの頭足類だ。彼らは、あらゆる動物のなかで体重あたりの目の大きさが最も大きく、学習能力に優れ、その潜在能力は地球上のほかの生物をはるかに凌ぐ。もうひとつは菌糸体だ。それは、菌糸体が地球で最もよく見られる種で、あらゆる場所に生息し、すべての生命維持機能の一部でもあるからだ。私たちの生命は菌糸体に依存しており、彼らがいなかったら、植物も動物も人間も地球に存在しなかっただろう。

【注】

1. Brendan B. Larsen, Elizabeth C. Miller, Matthew K. Rhodes, and John J. Wiens, "Inordinate Fondness Multiplied and Redistributed: The Number of Species on Earth and the New Pie of Life," *The Quarterly Review of Biology* 92, no. 3 (2017): 229-265, https://www.journals.uchicago.edu/doi/abs/10.1086/693564.
2. "Skin Cancer (Non-Melanoma): Statistics." Cancer.net, last modified January 2018, accessed July 2018, https://www.cancer.net/cancer-types/skin-cancer-non-melanoma/statistics.
3. "12th Annual EWG Sunscreen Guide." EWG.org, accessed July 2018, https://www.ewg.org/sunscreen/report/executive-summary/#;W1QReNJKhPY; "Are Sunscreens Safe?" *Scientific American*, accessed July 2018, https://www.scientificamerican.com/article/are-sunscreens-safe/.
4. Carl Zimmer, "Getting to Know Your Inner Mushroom," *National Geographic*, May 22, 2013, accessed July 2018, https://www.nationalgeographic.com/science/phenomena/2013/05/22/getting-to-know-your-inner-mushroom/.
5. The Mycelium Biofabrication Platform, accessed July 2017, https://ecovativedesign.com/.

菌類の真実——着用や建築に適した菌糸体

［上・下］菌糸体細胞からつくられた代替レザー素材 Mylo（製作:ボルト・スレッズ）

研究者が菌糸体や特定のキノコがもっている多くの特性（再生可能資源としての価値は言うまでもないことだ）に詳しくなるにつれて、さまざまな製品が誕生している。

その筆頭は、アマドゥ（氷河時代から火種として使われてきたキノコで、ヒメホクチタケやツリガネタケという名で知られている）のフェルト状の繊維からつくられた帽子とバッグであり、発祥地のルーマニアで人気がある。最新のイノベーションは、ドイツの靴メーカーの Nat-2 とデザイン会社の Zvnder が、アマドゥと菌糸体の丈夫で柔軟性のある構造を利用して開発した「マッシュルームレザー」で、この新しいレザーを使った財布やスニーカーが登場している。ほかにもボルト・スレッズは、菌糸体を高性能の生地として利用している。

だが、菌糸体の強度や耐久性、形状融通性の高さを踏まえると、特に有望な用途は、工業用菌糸体の培養と加工である。工業デザイン会社のエコヴェイティヴは、パネル、建築用ブロック、家具、気泡ゴムなどの試作品開発に取り組んでいる。インスタレーション・アーティストのフィリップ・ロスによって設立されたマイコワークスは、菌糸体とレイシなどの特定のキノコを使用して、農業廃棄物から建築用資材を作成しようとしている。

モミの木に生えるホウキタケ科

第3章

ウッド・ワイド・ウェブ

マーリン・シェルドレイク

ケンブリッジ大学で熱帯生態学と菌類学の博士号を取得。
彼の研究は、スミソニアン主任研究員として働いていた
パナマの熱帯雨林における菌根菌ネットワークの生態学に関するものである。

インターネットは、菌類ネットワークが地球でどのように機能しているかを表現する際の有用なメタファーだが、その動的な複雑さを十分に捉えきれていない。菌類ネットワークへの各有機的寄与者は、それぞれ独自の能力をもっており、状況の変化に能動的に対処している。

ほかの生物が不可能なことを成し遂げる菌類は魅力的な存在だ。菌類はほかの生物が消化できないものを消化できる。一部の種は性別にこだわらない。ユニークな代謝機能をもっている。ほかの菌類と遺伝情報を共有している種もある。菌類のなかには、既存の分類体系にあてはめるのが難しい種が存在するが、どの分類が適切かを考えるのも楽しい。こうした理由から、菌類にはまだたくさんの謎が残されている。だから、菌類ネットワークを探索して、それらがいかに生態系を束ねているのかを考えることは、刺激的な試みなのだ。

菌根菌は菌類のなかの1グループだ。植物の根と関係があるため「菌根」(*mycorrhizae*)と呼ばれている。*myco* は「菌類」の意味であり、*rhize* あるいは *rhizal* は「根」の意味であるため、*mycorrhizae* は「根の菌類」という意味である。菌根菌は植物の根の内部や周囲で成長し、その菌糸体は土壌へと伸びていく。

菌根菌は非常に古く、ほぼすべての植物が菌根菌と何らかの関係がある[1]。菌根菌は、今日の植物の祖先が約4億5000万年前に陸に上がるのを助けたと考えられている[2]。陸上植物の祖先は、水中に生息する藻類だった。藻類は、光合成——光と二酸化炭素からエネルギーをつくること——はできたが、固体基質から栄養素を吸収することは苦手だった。藻類が沼地の岸辺に打ち上げられたとき、固形物質を消化できる菌類と遭遇した。その後、両者は今日まで続く取引関係を始めたのである。

これが、菌根ネットワークがしばしばインターネットと比較される理由である。その比

較は表面的には理にかなっているが、菌類ネットワークははるかに複雑で興味深い。明らかな違いは、インターネットはワイヤーやルーターなどのハードウェアと、それ自体は生物ではない電磁信号を介して人々をつないでいるということである。菌根ネットワークは主に「ウェットウェア」で構成されており、その主要な関係者は受動的ではなく能動的である。パッシブケーブルとは違い、彼らは利害関係をもつ仲介者であり、自らの生存に対処する方法について刻々と決定を下す。同じことは植物にも言える。「ウッド・ワイド・ウェブ」(Wood Wide Web) は、能動的な関係者のネットワークなのだ。

ウッド・ワイド・ウェブは、接続されている生物の概念を簡単に伝えられる便利な表現だ。私は、パナマで菌従属栄養植物という植物を研究していた。菌従属栄養植物は、通常の植物とは異なり、クロロフィルをもたないため、光合成の過程で独自のエネルギーを生成しない。彼らはどうやって生きているのだろうか?

菌従属栄養植物は何らかの方法で菌類ネットワークに接続し、菌類を介してほかの植物から糖や栄養素を得ている[3]。ウッド・ワイド・ウェブ内でネットワーク化された一般的な緑色植物は、炭素ベースの化合物をネットワークに送り、菌類から栄養素を受け取る。両者は双方向の交換関係を築いている。一方、菌従属栄養植物はそうではない。彼らはネットワークから栄養素と炭素の両方を受け取っている。私が「菌従属

基質全体に密生する菌糸体

栄養植物はウッド・ワイド・ウェブのハッカーだ」と冗談で言っているのはこのためだ。ネットワーク内のすべての炭素は、煎じ詰めれば植物によってもたらされるものであるため、菌従属栄養植物は、炭素がネットワークを介して植物間を移動できることを明らかにしている。

菌従属栄養植物は、種々の植物と菌類のネットワーク内におけるさまざまな振る舞いのなかで特筆に値する例だ。ネットワークは非常に複雑な仕組みになっており、多様な関与の形が存在するが、植物と菌類の関係は共生関係にあると一般的に考えられている。すなわち、一方の植物または菌類が他方よりも多くの恩恵を得ている場合があるものの、双方が恩恵を得ているということだ。これは、環境の変化に適応するための柔軟で流動的な関係だ。

これらの交換について考えるとき、その関係を支配しているものは何かという疑問が湧いてくる。植物と菌類のあいだのこうした交換はどのように制御されたり、交渉されたりしているのだろうか？　人間は、人間の言葉で物事を考える傾向がある。ある人は「生物市場理論」を用いて菌類と植物の相互作用を解釈し、植物と菌類は、制裁と投資に従事して、市場の報酬を獲得しているのだと考える。また別の人は、取引の関係者により寛大な性格を与えて、「もたざる者に寄付して、その人々を養う介護者」という社会主義的な枠組みで彼らを説明しようとする。これらの見解は一理あるものの、人間を基準にした解釈に留まっており、菌類ネットワークの仕組みを理解するための高度な知識が私たちに欠けているという事実を露呈してしまっている。つまるところ、植物と菌類の交換関係は、人間の枠組みではまったく説明できない現象なのだ。

こうした謎は、菌類学が魅力的なさらにもうひとつの理由である。その魅力を感じているのは、何も研究者だけではない。私は、単なる好奇心から、あるいは菌類のさまざまな潜在的な用途のいくつかを知っているという理由で、菌類界の生物学的な機能に興味をもっている人にたくさん出会ってきた。たとえば、私の仲間には、環境悪化と持続可能な未来に関心をもっている人が多い。ある人たちは、菌類学は人間が直面する多くの問題を解決する糸口になると考えている。答えが出ていない問題がたくさんあることと、菌類学の分野が非常にオープンであることが、この学問と研究をとても楽しいものにしている。

【注】

1. René Geurts and Vivianne G. A. A. Vleeshouwers, "Mycorrhizal Symbiosis: Ancient Signaling Mechanisms Co-opted," *Current Biology* 22, no. 23 (2012): R997-99, https://www.sciencedirect.com/science/article/pii/S0960982212012067.
2. Marc André Selosse, Christine Strullu Derrien, Francis M. Martin, Sophien Kamoun, and Paul Kenrick, "Plants, Fungi and Oomycetes: A 400 Million Year Affair That Shapes the Biosphere," *New Phytologist* (March 20, 2015), DOI/full/10.1111/nph.13371.
3. M. Sheldrake, N. P. Rosenstock, D. Revillini, P. A. Olsson, S. J. Wright, and B. L. Turner, "A Phosphorus Threshold for Mycoheterotrophic Plants in Tropical Forests." Proceedings of the Royal Society B: Biological Sciences (February 1, 2017), DOI:10.1098/rspb.2016.2093.

［次ページ上］チャワンタケ属の一種（*Peziza* sp.）
［下］　キノコの胞子

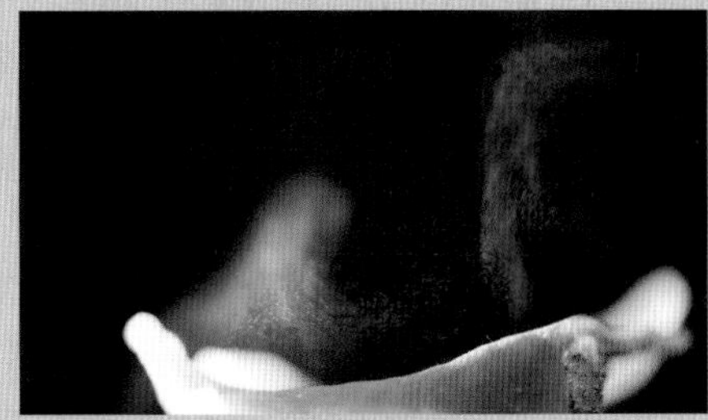

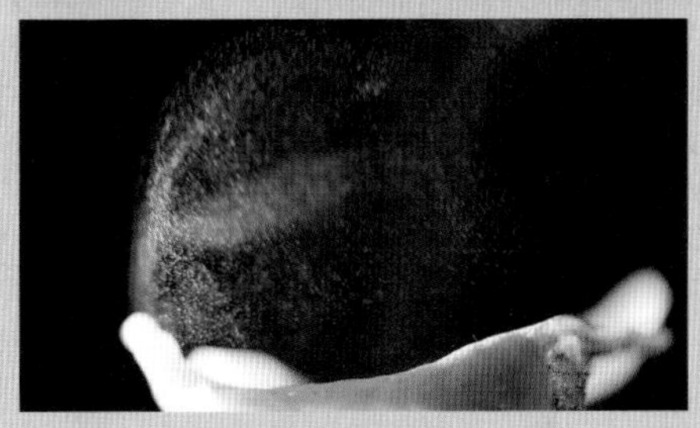

菌類の真実——膨大な数の胞子

キノコの明らかな不動性は非常に魅力的だ。野外でキノコを見ると、一見何もしていないように見える子実体が目にとまる。だが、キノコを顕微鏡レベルまで拡大し、傘の下で起こっていることを観察すると、ひだから絶え間なく大量の胞子が放出されているのがわかる。計算によると、毎秒約3万個の胞子がひとつのキノコから放出されている。これは、しばしば短命である単一の子実体から毎日数十億の胞子が放出されているということだ。

数年前、あるドイツ人の科学者グループは、キノコが毎年世界中の大気に放出する胞子の総数を推定することにした。これは当てずっぽうではなかった。彼らは、菌類の胞子がキノコ表面から化学マーカーを大気中に運ぶ様子を観察し、毎年数千万トンの胞子が放出されることを算出した。これは、アボガドロ数（化学者が原子や分子を数える際に使用する測定単位）に近い量であり、毎年10の23乗個の微粒子が大気中に放出されている。私は自分で計算を行い、これらすべての胞子の合計表面積がアフリカ大陸の陸地面積に相当することを突き止めた。この胞子たちが、私たちの健康と幸福に多大な影響を与える可能性があることは当然と言えよう。

菌類は私たちの日常環境を構成する巨大で不可視の存在であるが、私たち人間は可視的な種である。私たちはともすれば、植物や動物といった肉眼で見える生物としか交流していないと考えがちだが、実際は菌類に囲まれ、菌類にどっぷり漬かって生きている。キノコの生物学的現象についての科学的な事実を理解していても、菌類についてわからないことはたくさんある。私たちが菌類の謎を解明し、彼らの多大な影響を理解するためには、想像力を駆使しなければならない。人間と菌類の相互作用の豊かさを正しく評価するには、深い思考があって初めて可能となる。菌類学を真に理解するためには、精神的な領域に踏み込んでいかなければならないと言えるだろう。

——ニック・マネー

オハイオ州オックスフォードにあるマイアミ大学の生物学教授。菌類学に関する多数の科学論文や著書を執筆している。

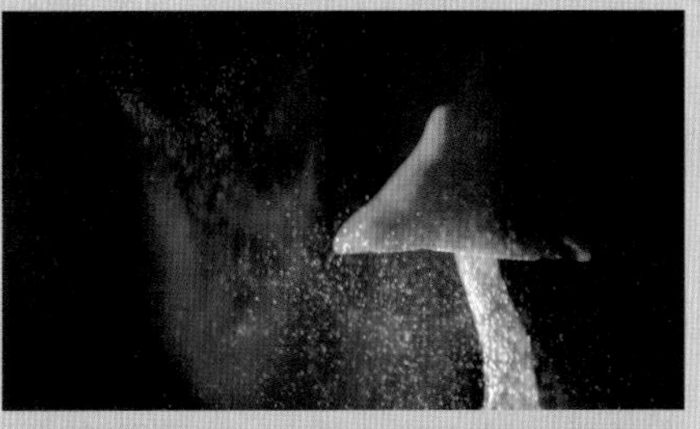

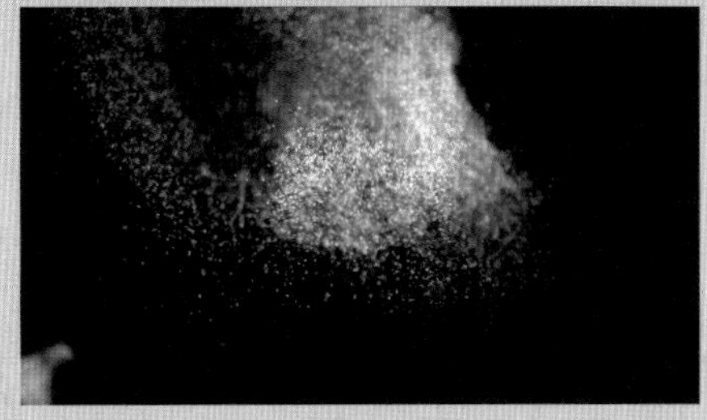

アラスカ州北極圏野生生物保護区に生息する未同定のキノコ

セイヨウオニフスベ（*Calvatia gigantea*）　スギタケ属の一種（*Pholiota* sp.）

［次ページ上］ニワタケ（*Tapinella atrotomentosa*）
［下］ベニテングタケ（*Amanita muscaria*）

第4章

キノコマニア!

ジュリアナ・フルチ
作家、活動家、チリの菌類財団の創設者兼理事長。

ウラムラサキ(*Laccaria amethystina*)

菌類の権利をめぐって戦うなんて、普通の人には思いもよらないことだろう。だが、一部の人は、菌類からの呼びかけを感じ取って、それに応える活動をしている。その理由は、菌類が健やかに生きられることが、あらゆる生命にとって重要だからだ。

キノコマニアというのは、いわば菌類の信者のようなものである。彼らは、菌類に依存し、菌類に情熱を傾け、菌類に奉仕することに無上の喜びを感じている。私は、自分を含めたキノコマニアのことや、菌類と人間の相互関係について、しばしば人前で話をする。専門的でも啓蒙的でもない話だ。菌類に未解明な部分が多いからといって、私たちが彼らに対して何もできないというわけではないのだ。

10年前に息子を産んだとき、私は友人から「どんな感じだったの?」と電話で聞かれた。「パタゴニアのプンタ・アレーナス近くでホコリタケを見つけたときのことを覚えてる?」と私。「うん!」と返事。「あれよ、あのときの感じと一緒!」と私は言った。私にとって、出産に匹敵する感動は、野外で特定種の菌類に遭遇すること以外にない。それは、ただただ満ち足りて、大きな仕事をやり遂げたという圧倒的な体験である。私たち女性は、母なる大地について、そして生命や森の鼓動について話すとき、男性にはない確信をもって話すことができるのだ。

菌類の法的権利

チリには、いわゆる「国家環境法」が存在する。これは、環境に対する人間のあらゆる行動に規制を設ける最高法規である。当初この法律には、植物と動物についての言及はあったが、3つ目の巨視的な世界に存在する菌類については言及されていなかった。植物を見ていることと、菌類を見ていることは本質的に同じである。両者は密接に結びついている。したがって、巨視的な生物を説明する際に、植物と動物しか取り上げないことは、不正確であると言える。巨視的な生物とは3つの*F*、すなわち植物（*flora*）、動物（*fauna*）、菌類（*fungi*）である。3つ目の*F*が、ほかのふたつの*F*と同等に扱われるのなら、地球はさらによい場所になるだろう。

この法律の改正の話が出たとき、菌類財団の創設者兼理事長である私と仲間たちは、このチャンスを逃すまいと思った。菌類が自然環境を構成する一部分であることを認めるための規制の修正作業に2年の年月を要したが、私たちはそれを成し遂げた。2010年、菌類は、分類と目録作成、基礎研究の発展を必須条件として、チリの一般的な環境規制に特別に追加された。2013年12月頃には、開発許可の承認前に、菌類への影響を検討することがあらゆる環境アセスメントの法的要件になった。

菌類のように、植物と動物をつないだり、細菌を植物につないだりできる生物は地球上にほかにいない。菌糸体は私たちの地球を救うための答えを知っているのだ。

現在、これらの影響調査の実行方法と評価方法を標準化する方法論を開発中である。チリは環境面で多様な国であり、北部は世界で最も乾燥した砂漠、中部は主に地中海性気候、南部はパタゴニアのツンドラと氷河が存在し、世界のほかの地域で複製可能な3種類の生態系テンプレートが得られる。

私たちの方針転換の提言が採用されたことによって、チリには菌類学者のための数十の職場が生まれた。現在、50人弱のコンサルタントが菌類の基礎研究の分野で働いている。私が菌類のための活動を始めたころとは隔世の感がある。さらに、私たちはさまざまな大学と協力して、植物学者をはじめとした菌類研究に関心がある人々のための認定プログラムを開発中であり、また、国際自然保護連合（IUCN）の絶滅危機種レッドリストに掲載されている在来の菌類20種を、コンセプシオン大学や環境省と協力して増やそうとしている。

こうした活動が大きくなるにつれて、教育

の重要性が増してきたため、差し当たり、政府関係者と基礎研究従事者のために、2冊の検索図鑑（フィールドガイド）を作成した。ひとつは基礎的なガイドブックであり、もうひとつは菌類の微視的特徴と採集方法および研究方法が記載されたより詳しいガイドブックである。これら2冊は、現場の人間と研究を検討する政府関係者の両方の力になっており、また、大学では認定プロセスの受講生に使用されている。2冊目のガイドブックは、ポール・スタメッツと霊長類学者のジェーン・グドールに監修を依頼した。グドールは、2013年に私たちの活動を知ると、私の顔を見ながら「心から応援しています。私はチンパンジーがきっかけで研究を始めましたが、あなたにとっては菌類がそれにあたるのですね」と言ってくれた。その言葉はいまでも心に残っている。

範囲を拡大する

国際的なパートナーシップを構築することは、菌類の重要課題を前進させるうえで重要な要素だ。たとえば、私はハーバード大学ファーロウ植物標本館の準会員であり、彼らは図書館や顕微鏡やその他のリソースを私たちの財団に惜しみなく寄付してくれた。ファーロウ植物標本館の菌類学の代表であるドナルド・フィスターは、過去4年間、チリでセミナーを行ってくれた。ロンドンのキュー地区にある王立植物園も、新種の解説に協力してくれたり、チリを「自然保護菌類学」という新しい分野のリーダーとしてアピールしてくれたりしている。現在、世界中のほかの非政府組織（NGO）が、アルゼンチンと南アフリカの団体を含む菌類ネットワークを支援している。これらの団体は、菌類という第3の世界の科学と価値を公共政策に公共政策に取り入れるため、私たちがチリで使った戦略を学んでいる。

その戦略とは、細部にいたるまで入念に組織化された、意識的に複製可能なテンプレート・アプローチのことだ。ただし、いくら戦略を知っていても、努力がなければ、菌類は私たちの期待に応えてくれないということを理解しておかねばならない。要するに、私たち人間が菌類から最大限の恩恵を得るには、それに見合った努力——菌類を正しく認識し、評価し、世話をし、敬意を払うこと——が必要なのだ。

未来の胞子を形成する

草の根コミュニティの研究であれ、国内および国際的な政策レベルの研究であれ、すべての道はローマに通じている。それぞれの道は、互いに補足し合う関係にあり、同じくらい重要である。なぜなら、それは人間だけでなく、森林や地球全体の健康にかかわる問題だからだ。つまり、全領域的な健康だ。私たちがチリで取り組んでいるのは、まさにそうしたことなのだ。私たちは、菌類学が胞子を形成するための基盤を築く環境および教育政策の全領域的な

[上] スジチャダイゴケ（*Cyathus striatus*）
[中] 砂浜に生えるキノコ
[下] チチタケ属の一種（*Lactarius* sp.）

活動家だ。私たちは開花しつつあるのではなく、胞子を形成しつつあるのだ!

地球の健康を維持したい、あるいは人間の活動で枯渇した地域を回復したいと思うのであれば、自然の生態系的観点を取り入れなければならない。そして、自然の生態系的観点は、私たちすべての存在をつなぐ生物に目を向けることによってのみ獲得できる。その生物とは菌類である。菌類のように、植物と動物をつないだり、細菌を植物につないだりできる生物は地球上にほかにいない。菌糸体は私たちの地球を救うための答えを知っているのだ。

スギタケ属の一種（*Pholiota* sp.）

第5章

菌類についての教養（マイコリテラシー）を育む

ピーター・マッコイ

ラジカル・マイコロジーの創設者であり、『ラジカル・マイコロジー』の著者。
ラジカル・マイコロジーは、キノコやその他の菌類を使用して、
個人、社会、生態学に好ましい変化を生み出す理論と実践である。
彼はまた、世界初の菌類学専門学校であるマイコロゴスの創設者でもある。

キノコ同定ワークショップ

キノコは驚くべき生物だ。彼らは、人間やほかの生物にさまざまな形で貢献している。だが、彼らの正体はいまだ謎に包まれている。そのため、キノコへの関心が高まるにつれて、菌類の教育の必要性が高まっている。

キノコ栽培、菌類を利用した環境修復（マイコレメディエーション）、民族生態学を教えることについて私が評価している点のひとつは、どこに行っても、さまざまな理由でキノコに魅せられた人々と知り合いになれるということだ。キノコを使ったおいしい料理であれ、人間の活動によって損なわれた世界の健康や環境やコミュニティの回復であれ、菌類はよりよい未来への道を示してくれる。菌類の力を借りれば、持続可能な経済を創出し、地域資源を管理し、二酸化炭素の排出量を削減し、汚染された土壌を浄化したり緩和したりすることができるが、そのためには訓練と質の高いデータが必要だ。

幸いなことに、菌類学の敷居は高くない。その第一歩は、基礎的な菌類生物学を理解し、教育と実践を通じてキノコを上手に栽培する方法を学び、マイコリテラシーを高めることだ。この道を進む人が増えれば、菌類の価値が広く知られ、私たち菌類研究者の発言力が高まり、菌類学やマイコレメディエーション、その他のあらゆる応用分野の発展につながるだろう。

［上］野外でキノコ狩りをする少女
［下左］種々の野生キノコ
［下右］食用のベニタケ属の一種（*Russula* sp.）を持つポール・スタメッツ

◉菌類行動主義（ファンジャイ・アクティビズム）

「ラジカル・マイコロジー菌糸体ネットワーク」（Radical Mycology Mycelial Network）は、菌糸体の情報を互いに、また各コミュニティ内で共有している地元の団体や個人の国際的な草の根ネットワークである。以下は、「マイコリテラシーとアクティビズムを幅広く周知させる」というこのネットワークの目標を推し進める原則と実践のほんの一部だ。

共同体の回復力（コミュニティ・レジリエンス）を高める

◉コミュニティガーデン、フードバング、食品公正組織で、食用キノコや薬効キノコ、あるいは未同定のキノコの展示会を開く。
◉地元の先住民コミュニティと交流し、栽培方法をレクチャーしたり、教育支援を行ったりする。
◉ラボで働く人のために、遺伝的特徴を保存する菌株ライブラリーや胞子バンクを開発・維持する。

地元の生態系を支援する

◉絶滅の危機にあるキノコと地衣類を探索するための森林調査隊を組織し、その探索で得られた情報をもとに森林保護キャンペーンを支援する。
◉種菌を適切な場所に散布し、種の多様性と余剰性を高める。

有機廃棄物を再構成する

◉地元のコーヒーショップからもらったコーヒーの出し殻でキノコを栽培し、そのキノコを地元のフードバンクやフードシェルターに寄付する。
◉コミュニティガーデンを準備する際は、侵入植物を取り除き、キノコの基質を利用して堆肥と表土をつくる。

教育と啓蒙活動（アウトリーチ）

◉都市でのキノコ狩りを主催し、都市には食用・薬効キノコがたくさん生息していることを知ってもらう。
◉地域の汚染問題や企業の違法な環境破壊に取り組むために啓発イベントを開催する。
◉学校でキノコの特別授業を実施し、子供たちにキノコで遊んだり、菌糸体の成長を観察したりすることに興味をもってもらう。

仲間づくりのための活動

- ◉キノコ農場への遠足を企画して、キノコ産業についての知識を得る。
- ◉キノコをテーマにしたアートパーティや持ち寄りの食事会を開催する。

戦略と支援

- ◉地元のラボ、公的機関、大学と連携して、土壌と水のサンプル検査を割引料金または無料で行う。
- ◉経験豊かな菌類学者や社会組織のまとめ役を探して、メンターになってもらう。

［上］キノコの基質
［中］キノコを調べる少年
［下］ベニタケ属の一種（*Russula* sp.）を持つ菌類学者のゲイリー・リンコフ

花にとまるハチ

第6章

ハチは親友

スティーブ・シェパード

ワシントン州立大学の養蜂学の教授であり昆虫学部長。
同大学のAPIS分子系統分類学研究所の所長でもある。

ハチは絶滅の危機に瀕しているが、業界はその対応に苦慮しており、その結果、世界の食料源は脅かされている。意外なことに、思いもよらない生物がその解決策として期待されている。それはキノコだ。

私はジョージア州サバンナの出身だ。私が1歳のときに亡くなった曾祖父は養蜂家だった。幼いころ、私は曾祖父の蔵書だったハチに関する本を読んだり、彼が使っていた養蜂用具で遊んだりした。大学生になってから養蜂の講義を受けるようになり、大学院では授粉やミツバチの研究を行った。博士論文のテーマはミツバチの遺伝学と進化論についてだった。物心がついたときから、ハチは私の人生の一部だった。

ミツバチは、この国の農業にとって不可欠な昆虫だ。1940年代、アメリカには約500万のハチのコロニーが存在した。大抵の農場は多様性に富んでおり、種々の作物を栽培し、いくつかの養蜂箱を保有していた。ほかの花粉媒介者の繁殖や成長に適した未使用の土地も多かった。話を現在に戻すと、コロニーは300万弱に減少したが、人口は格段に増えた。私たちは、授粉を必要とする大規模な単一栽培に依存したさまざまな農業と通じてハチを養っている。数千エーカーの土地で単一栽培しか行われなくなると、作物にとって短くも重要な授粉の時期に十分な自生のハチがいなくなってしまう。広い地域で、その代役を担っているのがミツバチだ。ミツバチがいなかったら、現在のように人々を養うことはできなかっただろう。ミツバチは農業にとって間違いなく最も重要な花粉媒介者である。全栽培作物のおよそ3分の1は、他家授粉に頼って繁殖している。

アメリカの養蜂は1987年に重大な岐路に差し掛かった。バロアダニ（ミツバチヘギイタダニという名でも知られている）が、おそらくはヨーロッパからやって来たのだ。バロアダニは、トウヨウミツバチ（*Apis cerana*）には大した害を及ぼさなかったが、

現代がどれほど危険な時代であるかを本当の意味で理解している人はほんの一握りだ。私たちは極度の貧困飢餓、戦争、政治的混乱によって生態系の崩壊が引き起こされる寸前の時代を生きている。生態系が失われたら、食物を求める人間はどうなってしまうのか？　ハチの保護に関する私たちの研究は、生物多様性の維持と生態系の保護に欠かせないものになるだろう。私は、この研究が人類生存のための非常に重要なツールの開発につながるものと期待している。

——ポール・スタメッツ

［上］養蜂フレーム。［下段上から］ラズベリーの花にとまるハチ、工業型農業、死んだハチ

セイヨウミツバチ（*Apis mellifera*）は大きな被害を受けた。バロアダニはミツバチの幼虫を食べたり、ウイルス――特にチヂレバネウイルス（DWV）――の媒介者になったりして、ミツバチの寿命を縮める[1]。主に温暖気候帯では、バロアダニはコロニーが死ぬまで（通常2年以内）増殖しつづける。全米では2017年から2018年にかけて、平均40％のコロニーがバロアダニ（および採餌生息地の消滅や農薬やその他のウイルスなどの要因）によって消滅しており、一部の州では85％もの深刻な被害が出ている[2]。ヨーロッパとカナダでは被害の規模は比較的小さいものの、一部の地域では30％のコロニーが消滅している[3]。

大規模な商業養蜂家は化学物質を使ってダニを駆除することが多かったが、寿命が非常に短いダニは化学物質への耐性をすぐに身につけてしまった。さまざまな駆除剤が開発されてきたが、もはやほとんど効果がない。ダニを駆除する唯一の持続可能な解決策は、より丈夫なミツバチを繁殖させて、ダニが抵抗力をつける可能性が低い駆除剤を使うことである。もうひとつの重要な留意事項は、ミツバチが健康を維持するにはさまざまな餌が必要であるということだ。そのため、ミツバチの機能的な生息地の消滅は、養蜂家とミツバチが直面する根本的な問題なのである。

菌類という救世主

数年前に、ポール・スタメッツと彼が創設した「ファンジャイ・パーフェクタイ」（Fungi Perfecti）が行っている取り組みを知った。彼らは抗ウイルス特性をもついくつかの菌類抽出物の試験を行っていた。私たちはそれらの抽出物をハチに与える実験を始めて、一定の成果が得られた。ハチの寿命が延びて、ウイルスレベルが低下したのだ（一部の事例では1000倍以上の効果が得られた）。その原因は、抽出物が免疫システムを強化したためだと考えられるが、それがどのように機能しているかについてはまだはっきりしていない。ワシントン州にある500の巣箱で実施された2度目の実験では、ダニに害を及ぼすことが証明されているメタリジウムという昆虫病原菌類を使用した。メタリジウムはダニの上で増殖してダニを死に至らしめるが、投与量に注意すればハチに害を与えることはない。メタリジウム自体は、ほかの害虫の駆除・予防のためにすでに登録されている[4]。

最近、私たちは漢方薬の定番であるレイシ（*Ganoderma lucidum*）の抽出物と、養蜂家が巣箱を燻蒸（くんじょう）する際に使用する「焚（た）きつけキノコ」ことアマドゥ（ツリガネタケ、*Fomes fomentarius*）をカリフォルニア州サンホアキン・バレーにいる世界最大のアーモンド生産者のもとへ送った。サンホアキン・バレーでは、2月には4～6週間で約80万本のアーモンドの木が花を咲かせる。このような単一栽培を効果的かつ短期間で授粉できる唯一のコロニーはミツバチのコロニーであり、コロニーをトラックに積んで特定の場所に運ぶことも可能だ。

私たちは、アーモンドの授粉シーズン中

に532個の巣箱に菌類抽出物を入れた。これまでに実施された最大の養蜂実験であったかどうかはわからないが、少なくとも私の知る限り最大の野外実験だった。特に、これらの巣箱が民間によって管理されていることを考えれば、注目すべき実環境実験だったと言えよう。この実験は、ラボ分析用の膨大なデータとサンプルを生成しており、ようやく目標に到達しつつある。これまでに得られた結果は驚くべきものだった。アマドゥの抗ウイルス効果によって、*DWV*の感染率はおよそ800分の1になった。レイシはシナイ湖ウイルスの感染率を4万5000分の1にした。チャーガは黒色女王蜂児病ウイルスの感染率を800分の1にした。ポールの実験で用いられていたような、あれほど強力な抗ハチウイルス活性をもつ抽出物はこれまで見たことがない。私たちは研究結果を論文にまとめて提出し、2018年10月に公開した[5]。この研究がハチを保護するためのアプローチに革命をもたらし、世界中のコロニーの健全なネットワークの回復に役立つことを願っている。

ほかの研究の追加結果も同様に期待がもてる。ツガサルノコシカケ（*Fomitopsis pinicola*）菌糸体とアマドゥ菌糸体の両方が、ミツバチの寿命を大幅に延ばすことがわかった。私は40年以上ハチの研究に携わっている昆虫学者だが、これ以上に素晴らしい研究結果があるのを知らない。

危機に瀕している生命

ある意味、人間は危機に瀕していると言える。もしハチがいなくなったら、国中の食

[上] 数百ガロンのサルノコシカケ科菌糸体の抽出物に囲まれたポール・スタメッツ。抽出物はワシントン州カミルチポイントにあるファンジャイ・パーフェクタイ社の彼のラボで生成
[下] サルノコシカケ科の抽出物は、濃度1%の砂糖水と混ぜ合わせて、内部フレームフィーダーに注がれる

[右ページ上左] モリノカレバタケの一種（*Gymnopus* sp.）
[上右]、ペルー・タンボパタ川沿いに生息するクヌギタケ属（*Mycena* sp.）とカエル
[下左] キノコにとまるハチ
[下右] 未同定のキノコ

料コストと食料安全保障は根本的な変化を迫られるだろう。私たちが取り組んでいる実験が有益な成果を出しつづければ、ハチが幸せになり、それが養蜂家の幸せにつながり、最終的にはすべての人間が幸せになれるはずだ。私は長年、産業界や民間の養蜂家や養蜂の愛好家の協力を得て、必死に答えを探してきた。私たちは、現状を改善できる何らかの答えにたどり着くものと考えている。

【注】

1. Myrsini E. Natsopoulou et al., "The Virulent, Emerging Genotype B of Deformed Wing Virus Is Closely Linked to Overwinter Honeybee Worker Loss," *Scientific Reports* 7 (2017): 5242; Kristof Benaets et al., "Covert Deformed Wing Virus Infections Have Long-Term Deleterious Effects on Honeybee Foraging and Survival," Proc Biol Sci (February 8, 2017), DOI: 10.1098/rspb.2016.2149.
2. "Preliminary results: 2017-2018 Total and Average Honey Bee Colony Losses by State and the District of Columbia," BeeInformed.org. accessed June 21, 2018.
3. "Reports of Bee Losses-U.S., Canada, and Europe," PRNHoneyBeeSurvey.com. September 6, 2015, http://pnwhoneybeesurvey.com/2015/09/reports-of-bee-losses-u-s-canada-europe/.
4. Donald W. Roberts and Raymond J. St. Leger, "*Metarhizium* spp., Cosmopolitan Insect-Pathogenic Fungi: Mycological Aspects," *Advances in Applied Microbiology* 54 (2004): 1-70, https://www.sciencedirect.com/topics/agricultural-and-biological-sciences/metarhizium.
5. Paul Stamets et al., "Extracts of Polypore Mushroom Mycelia Reduce Viruses in Honey Bees," *Nature: Scientific Reports*, 8, no. 13936 (2018). DOI: 10.1038/s41598-018-32194-8.

[次ページ上] ザラエノヒトヨタケ（*Coprinopsis lagopus*）（提供：テイラー・ロックウッド）
[中] サンゴハリタケ（*Hericium coralloides*）（提供：テイラー・ロックウッド）
[下] シロホウライタケ属の一種（*Marasmiellus* sp.）

第7章

マイコレメディエーション——成長の痛みとチャンス

ダニエル・レイエス

水文地質学者および菌類学者。
テキサスを拠点とする「マイコアライアンス」の創設者。

化学物質を分解し、毒素を取り除く菌類の能力はすでに証明されている。現在の課題は、その能力を応用するための革新的な方法を見つけることだ。

マイコレメディエーションは元来、土壌や水に蓄積、あるいは突如として放出された汚染物質を吸収、分解、封鎖するために菌類を使用するという意味である。菌類は、複雑な炭化水素と有毒分子の鎖を、ほかの微生物が処理できるほど小さな断片に分解することでこれを行い、損傷した場所の生命を回復させる。

マイコレメディエーションには、基本的にふたつのレベルが存在する。ひとつは、家庭で使用される低水準のアプローチであり、もうひとつは、有害物質による汚染が深刻な地域（スーパーファンドサイト）や大規模な石油流出の際に使用される高水準のアプローチである。車道にこぼれたモーターオイルのような単純なものの場合、まずオイルにおがくずを撒いて吸収し、オイルが染み込んだおがくずを容器に入れ、ヒラタケの菌糸体を接種して分解処理する。ホースでオイルを洗い流そうとすると、排水溝を伝って近場の小川に流れ込み、最終的に飲料水を汚染する可能性がある。

マイコレメディエーションは毒素にキノコを投げ込めばいいような単純なことではない。キノコの成長には木材または穀物ベースの基質が必要になる。家庭の毒素処理において、まずおがくずのような物質を撒くのはそのためだ。これは、メキシコ湾原油流出事故から得た大きな教訓だ。菌糸体を単に海に投げ込んでも、油は吸収されない。キノコの菌糸体の大部分は耐塩性がなく、酸素と基質の両方を必要としているのだ。海に優しい種の研究は徐々に進んでおり、期待がもてるが、その方法論はいまだ発展途上にある。

マイコレメディエーションの別の問題は、回復をいかに定義するかということだ。回復とは、損傷した場所を元のまっさらな状

クロサイワイタケ（*Xylaria hypoxylon*）（提供：テイラー・ロックウッド）

態に戻すことなのか、それとも、法的に許容できるが、特定の用途において最適とは言えない状態で妥協することなのか？　たとえば、汚染された土壌にマイコレメディエーションを適用したとしよう。実施前後のサンプルから、多環芳香属炭化水素が96%減少したことがわかる。これはかなりいい結果だ。だが、その土壌を問題なく有機菜園に利用できるのだろうか？　次のステップは、いわゆる生体毒性試験の実施である。この試験では、修復された土壌に植物の苗や豆類の種子や虫などを配置して、何が起こるかを観察する。この観察結果から、土壌の真の健康状態を判断することができる。仮に、虫の一部あるいは全部が数週間で死んだり、苗が奇形になったり、細胞レベルでの損傷が発見されたりした場合、土壌汚染はある程度解消されたかもしれないが、生存に安全な土壌と言えるだろうか？　また、用途ごとにどのような基準値の違いがあるのだろうか？　テキサスでは、テキサス州環境品質委員会（TCEQ）が、用途ごとの土壌および水質汚染物質の基準値を設定している。たとえば、前述の多環芳香属炭化水素が96%減少したという結果が得られた場合、その土壌はTCEQ基準

同定のために仕分けられる野生のキノコ

では農業目的に適していると見なされる。しかし、基準に合格したからといって、その土壌で野菜を育てたいかと問われたら、私にはイエスと言う自信はない。

スケールアップする

石油業界に長年身を置いてきた私は、パイプライン会社が修復にあたって何を求めるのか、環境コンサルティング会社は一般的にどんなサービスを提供できるのかを理解している。キノコや菌糸体がその規模で果たすことができる役割を考えると、試験的研究の必要性を思い出す。そのような実験を実施し、新しいツールを開発するには、都市がうってつけだ。

現在、国内のほぼすべての都市が雨水の流出問題に取り組んでいる。モーター油や沿道の毒素、芝生用や農業用の農薬などは、濾過(ろか)せずに下水道に流される。より有望なアプローチのひとつは、パイプラインの開口部の下に菌糸体を詰め込んだ段状のドリップフィルターを設置することだ。この連続的な濾過システムは、菌糸体を注入した基質を中に入れた一連の箱で構成され、基質がフィルターの役割を果たす。汚染水が次々と箱を通過する過程で毒素が取り除かれ、下水の排出地点に達するという仕組みだ。だがそのためには、暴風雨の合間に菌糸体の生存を維持するための作業を織り込む必要がある。これは、ベテランのキノコ栽培者を定期的に招いて、フィルターの維持・管理にあたらせるということだ。実験という選択肢の維持が重要なのはそのためだ。このようなプロセスが標準化されると、ほかの都市に適用することや、新しいイノベーションを生み出すことが可能になる。

コミュニティ・ラボ

こうしたことを推進させるための別の重要な要素は、市民科学の役割だ。キノコ狩りやキノコ栽培を好む人々もいるし、さまざまなキノコの特性を掘り下げたいが、学界や産業界には興味がない人々もいる。彼らのなかには、新しい複合種や用途を見つける人が多いため、キノコ研究のためのツールや機会が多ければ多いほどいいと言える。

注目を集めはじめているアイデアのひとつは、「コミュニティ・ラボ」をつくることだ。これはスポーツクラブのメンバーシップの考えに基づいている。スポーツクラブでは、エクササイズルームやマシンを使用するために定期的に料金を支払う。メンバーは有酸素運動ができ、ランニングマシンやウェイトトレーニングの道具、場合によってはプールやバスケットボールのコートが使える。菌類のコミュニティ・ラボも同じ原理だ。たとえば次のようなケースが考えられる。汚染された土壌でいくつかの試験を行いたいが、化学マーカーの特定に質量分析計が必要だ。研究したいキノコがあり、汚染された空気を除去するフローフードが必要だが、そのための2000ドルがない。あるいは、キノコ農家になりたいが、ヒラタケやヤマブシタケは誰もが売っているので興味がなく、新品種を開発したい。そんなとき、温度と湿度が調整された栽培室を借りて、キノコが結実するまで新種の開発と栽培に使えるとしたら、どんなに素晴らしいことだろうか。私たちはまさに、そうした夢がかなう時代の入り口にいるのである。

次世代のエンパワーメント

マイコレメディエーションの科学と応用は、期待したほどの速度で産業規模の開発が進んでおらず、草の根の団体や個人の貢献に依然として依存している。過去40年間、私たちはラボと野外実験から多くのことを学び、菌類があらゆる化学物質を分解して、驚くべき結果をもたらすことを証明してきたが、大規模な発展は遅れている[1]。2018年の時点で、大企業を巻き込むだけの強力な経済的インセンティブが不足しており、資金調達が見込めないため、マイコレメディエーションの科学を推進させるために、引き続き強固なプロトコルを開発して、よい成果をあげなければならない。

だが私は、次世代の菌類学者が独自の技術を開発して、私たちが行っている研究や提唱している方法を新たな段階へと引き上げてくれるものと期待している。実際、私たちの世代は彼らのために下準備をしているにすぎない。彼らは私たちのビデオを見たり、私たちの著書を読んだりして、私

サケツバタケ（*Stropharia rugosoannulata*）

たちの活動に追いつこうとしている。私は小学1年生から大学生までのさまざまな子供たちに菌類の基礎知識を教えてきたが、いつも驚かされるのは、彼らの理解力だ。子供たちは実に賢く、私たちが解説するプロセスをすぐに理解してしまう。

【注】

1. Shweta Kulshreshtha, Nupur Mathur, and Pradeep Bhatnagar, "Mushroom as a Product and Their Role in Mycoremediation," *AMB Express* 4 (2014): 29; Christopher J. Rhodes, "Mycoremediation (Bioremediation with Fungi)-Growing Mushrooms to Clean the Earth," *Chemical Speciation & Bioavailability* 26, no. 3 (2014): 196-98; T. Cajthaml, M. Bhatt, V. Šašek, and V. Mateju, "Bioremediation of PAH-Contaminated Soil by Composting: A Case Study," *Folia Microbiologica* 47, no. 6 (2002): 696-700.

採集したキノコの特徴を書き留める

◉アマゾン菌類再生プロジェクト

何十年にもわたり、テキサコ石油会社は、エクアドルにおける石油事業のために何百もの素掘りの土製排水ピットを建設した。これらの排水ピットからは、有毒廃棄物が河川や周辺環境に浸出しつづけている。土地と住人の両方への被害は甚大だった。さまざまな団体が本国退去や浄化の費用と責任をめぐって石油会社と法廷争いを続ける一方で、流出の影響を受けた地元の人々は、2010年に150の先住民コミュニティを代表する「アマゾン菌類再生プロジェクト」（現在の「コ・リニューアル」）という非営利組織を設立した。小規模のコンサルタントチームの支援を受けて、彼らは菌類の治癒力を利用した生物学的ソリューションの調査、策定、実践を行っている。現在、石油で汚染された土壌と都市の廃水汚染物質に対処する試験計画が進行中である一方、同組織は、菌類研究室とキノコ栽培スペースの計画とともに、石油の毒性を軽減する自生微生物の能力の研究を進めている。

◉菌類クリーナー

レメディエーションに使用される一般的な菌類とそれらの菌類が効果を発揮する汚染物質の一部を以下に示す。
◉ササクレヒトヨタケ――ヒ素、カドミウム、水銀
◉シロタモギタケ――ダイオキシン、木材防腐剤
◉ウスヒラタケ――TNT（トリニトロトルエン）、カドミウム、水銀、銅
◉ヒラタケ――PCB（ポリ塩化ビフェニル）、PAH（多環芳香属炭化水素）、カドミウム、水銀、ダイオキシン
◉エリンギ――トキシン、オレンジ剤
◉シイタケ――PAH、PCB、PCP（フェンシクリジン）
◉カワラタケ――PAH、TNT、有機リン酸化合物、水銀
◉ボタンマッシュルーム――カドミウム
◉サケツバタケ――大腸菌およびその他の生物的汚染物質

［上］ハイチの橋を渡る少女
［中］人工栽培のマイタケ（*Grifola frondosa*）
［下］レイシ（*Ganoderma lucidum*）の突起

［上］販売用のレイシ栽培キットを準備するファンジャイ・パーフェクタイ社のスタッフ
［下］サケツバタケ（*Stropharia rugosoannulata*）

第8章

キノコ革命の時代が来た

トラッド・コッター

微生物学者、菌類学者、環境保護庁フェローであり、
妻のオルガとともにマッシュルーム・マウンテンの共同創業者。
『有機キノコ農業とマイコレメディエーション
(*Organic Mushroom Farming and Mycoremediation*)』の著者。

現在、キノコの謎を解き、キノコに関する知識を共有するために集まるアマチュア菌類学者のコミュニティが世界中で増えつづけている。そうしたコミュニティに参加してわかるのは、菌類が私たちの生活を変えつつあるということだ。

菌類以上に重要なものはあるだろうか? これは完全に私のバイアスがかかった答えだが、「何もない」だ。

菌類は、昆虫、植物、動物などの生物界を結びつけている。私は彼らのことを「第一対応者(ファースト・レスポンダー)」と呼んでいる。彼らは各生物界の扉を開くことができる最重要の種だ。栄養素をほかのすべての生物が利用できるようにしている。葉の内部に、腐葉土の中に、私たちに踏まれる草の中に隠れている。すべての大陸で生息しており、回復力に富んでいる。

私は昔からキノコに興味があったが、育った場所はマイコリテラシーがない人ばかりだった。だから私はキノコについて一つ一つ学ぼうと決心した。その決心は、キノコ同好会を結成して、キノコ狩りを主催することにつながった。私は実験装置を購入し、人々にキノコについて教えるようになった。現在、私は、キノコ研究者、専門の菌類学者、微生物学者であり、キノコ農場および研究施設である「マッシュルーム・マウンテン」の創設者兼所有者のひとりである。

キノコ栽培を教えるときに決まって言うのは、土壌づくりの重要性だ。たとえば、私が暮らしているサウスカロライナ州北部の表土の深さは、1900年代初頭は12〜15フィート(約365〜約457センチメートル)だった。ところが、数年前の調査では5〜8インチ(約12〜約20センチメートル)だった。1インチ(約2.5センチメートル)の表土ができるのに500〜600年かかるが、およそ1世紀で12フィート(約365センチメートル)が失われてしまったのだ。表土が水分を保持することは誰にでもわかる。文明は勃興

と衰退を繰り返すが、水分を保持できる文明が存続するのだ。

サウスカロライナ州またはその他の場所に残された土壌には、何マイルも続く菌糸体のネットワークが存在する。その菌糸体の基質は素晴らしいミクロンフィルターとして機能しており、粒子状物質、駐車場の流出液、農薬などの空中浮遊汚染物質および水質汚染物質がこのフィルターを通過すると、たちまち有害な細菌が除去される。これは驚くべきことだ。世界保健機関（WHO）の報告によると、水関係の病気で年間300万人以上が死亡し、人間の主要な死因になっている[1]。9人にひとりは、きれいな水を飲むことができない[2]。持ち運び可能なキノコの栽培キットをハイチのような水不足に悩まされている場所に持っていき、汚染水を菌糸体フィルターに通過させて、瞬時に細菌が除去された安全な水がつくれることを想像してみてほしい。私たちがやっているのは、まさにそういうことなのだ。

私たちはクレムソン大学工学部と協力して、バイオマスを浄水器に成長させるために、ハイチで使用している小型の容器を改造しているところだ。容器内の菌糸体が注入された基質は、事実上ミクロンフィルターとして機能する。この基質を通過するエントリーポイントを設けることで、基質に水を通すと、菌糸体が微粒子を濾過し、微粒子に付着しているコレラなどの細菌や生物学的汚染物質が除去されるのだ。この菌糸体浄水器は、ハイチですぐに従来の水処理プラントの代わりになることはないが、汚水の浄化という深刻な問題に対するローテクの解決策として、大きく飛躍する可能性を秘めている。

菌類の研究は世界に大きな変化をもたらしつつある。いまでは、かつてないほど多くの菌類同好会が存在し、キノコ狩りが行われ、情報へのアクセスが容易になっている。

それがキノコだ

キノコや菌類を研究すればするほど、海外に行って、困っている人を助けなければという思いが強くなる。2015年、ジャマイカに招待された私は、キノコ栽培についてのセミナーを行った。ジャマイカは毎年3500万ドルのキノコを輸入しているが、島には信頼できる栽培者や菌糸体の研究所がまったく存在しなかった。予想どおり、どのセミナーも満席だった。私はさらに何度かジャマイカを訪れ、2017年に首相や農業大臣と面談した。そうした取り組みが実を結び、現在では、ジャマイカ東部にキノコ研究所と熱帯キノコ研究ステーションができている。このことが非常に重要なのは、ジャマイカ人が自らキノコ栽培を始めたからだけではない。サトウキビのシロアリ被害が島の大問題になっているからだ。島の東部にあるサトウキビの半分は、毎年シロアリの被害を受けている。サトウキビは素手で収穫される。労働者が畑にいるあいだに農薬が散布されるため、その被害は甚大だった。

オオウスムラサキフウセンタケ（*Cortinarius traganus*）を半分に切り、内部の肉を確認する

新しい研究ステーションでキノコを検索・分析する方法を地元の人々に教えたあと、彼らは半年でシロアリを殺す菌類を発見した。これは、彼らにとって素晴らしいニュースであったが、農薬業界にとっては悪いニュースだった。私たちがラボをつくった理由はまさにこれだった。これにより、森林を調査し、標本を見つけ、それらをどう扱うのかを理解できるのだ。ジャマイカは菌類学者にとって未知の島だ。記録のない菌類がたくさん存在する。この島の菌類にはどんな効果があるのだろうか？　私たちはそれらを使って何ができるのだろうか？　同じように可能性に満ちた場所はほかにどのくらいあるのだろうか？

無から食物をつくる方法や、水を濾過する方法や、医薬化合物をつくる方法を知っている人が、その知識をジャマイカのような場所で披露したら、超能力者のように思われるだろう。そんな目を向ける人々に、私は次のように言う。「超能力者には誰でもなれます。ただ、超能力を学んだら、ほかの人やほかの村に伝えなければなりません。それが、超能力を使う際の約束事です。あなたが見つけた菌糸体を保護して共有してください。菌糸体はかけがえのない宝物なのですから」

変化をもたらす者たちのコミュニティ

25年前にこの分野での活動を始めたとき、私は菌類について何も知らなかった。だが、菌類は私の偉大な教師だった。私は菌類から観察することと、スローダウンすることを学んだ。携帯電話を置いて、小さな存在に注意を払うことを学んだ。菌類を研究することで、私は謙虚になり、基礎を固めることができた。さらには、自分が成長を続けている地球の優占種の一員であるものの、菌類から恩を受けてばかりで、まだ何も恩返しができていないことに気づいた。

菌類学を教えるようになってから、たくさんの新しい才能を見てきた。彼らは独創的な考えをもち、安価な新しい技術を使いこなす。キノコ濾過装置をつくっている水文地質学者や、菌類を使ってタバコの吸い殻やこぼれた油を分解する方法を研究している人にも会った。インターンのひとりは、グアテマラで発見したアクリルとセロファンを分解する菌類の研究に取り組んでいる。どれも驚くべきことだ。

菌類の研究は世界に大きな変化をもたらしつつある。いまでは、かつてないほど多くの菌類同好会が存在し、キノコ狩りが行われ、情報へのアクセスが容易になっている。ラボと野外実験の両方で、私たちがもっている知識を維持・拡大し、有益な新しいスキルを生み出すには、このような新しい世代が欠かせない。それが、私が感じたことだった。私は数人の優れた菌類学者に注目し、彼らの研究からインスピレーションを得た。彼らはどんなときでも進んで情報を共有し合った。彼らが菌類研究を志すようになったのも、そのような互助的な精神があったからだ。

私が初めて読んだキノコの本は、ポー

タマチョレイタケ属の一種（*Polyporus elegans*）の小さい子実体を調べるポール・スタメッツとマイケル・ヴァロ

ル・スタメッツの『キノコ栽培者（*The Mushroom Cultivator*）』であり、初めてのキノコ栽培マニュアルは、『ハイ・タイムズ』誌のうしろに付いていた3ページのタイプライターで書かれたレターだった。当時は情報を得るのが難しい時代だった。今日、インターネットで世界中の有益な情報が無料で手に入る。その正確性には難があるが、多くの人がほぼ毎日情報をアップデートしている。本やブログやウェブサイトが多ければ多いほど、菌類に詳しい人が増えつづけているということであり、それらの知識を土台にする人が多ければ多いほど、菌類学にとっていいことなのだ。地球上には推定で500万種の菌類が存在するが、私たちは彼らについてほとんど何も知らないと言える。

ルーシー・カヴァラーは1960年に『キノコ・カビ・奇跡（*Mushrooms, Molds, and Miracles*）』という素晴らしい本を上梓（じょうし）した。その本の最初で、彼女は次のように書いている。「キノコ愛好家が全員協力し、情報を共有することができれば、大きな変革が起こり、地球から飢餓や戦争がなくなるだろう。それなのに、何をためらう必要があるのか?」[3]

私の使命のひとつは、その行動呼びかけることだ。自分のことを「戦闘的な菌類学者」（militant mycologist）とは呼ばないが、実際はそれに近い。地球を回復するために、行動を開始するときが来たのだ。

【注】

1. Jessica Berman, “WHO: Waterborne Disease Is World’s Leading Killer,” VOA News, October 29, 2009, accessed July 2018, https://www.voanews.com/a/a-13-2005-03-17-voa34-67381152/274768.html.
2. “Progress on Sanitation and Drinking Water: 2015 Update and MDG Assessment,” UNICEF and World Health Organization, accessed July 2018, http://files.unicef.org/publications/files/Progress_on_Sanitation_and_Drinking_Water_2015_Update_.pdf.
3. Lucy Kavaler, Mushrooms, *Mold, and Miracles: The Strange Realm of Fungi* (New York, NY: The John Day Company, 1965).

［上左］マツカサタケ（*Auriscalpium vulgare*）
［上中］ウスキキヌガサタケ（*Dictyohpra mulitcolor*）
［上右］未同定のキノコ
［下左］タクステロガステル・ポルフィレウム（*Thaxterogaster porphyreum*）
［下中］ポドセルプラ・プシオ（*Podoserpula pusio*）
［下右］サナギタケ（*Cordyceps militaris*）（提供：テイラー・ロックウッド）

[上左] クチベニタケ属の一種（*Calostoma insignis*）
[上右] ヤシャイグチ属の一種（*Austroboletus betula*）
[下] トサカオチエダタケ（*Mycena spinosissima*）（提供：テイラー・ロックウッド）

第９章

地球は危機的状況にあるが、希望は残されている

ポール・スタメッツ

菌類の物語は、私たち人類にとって不可欠な連帯感の物語である。この第３の世界への理解を深め、尊重すればするほど、私たちが直面する種々の課題に対してより多くの解決策を見つけることができる。

人類のキノコとの出会いはまだ日が浅いため、キノコの有用性の発見が遅れているのは無理からぬことだ。キノコは突然現れては、消えてしまう。数週間、数カ月、あるいは数年にわたって私たちに見える形で存在する動植物と比べてみると、彼らに対する私たちの知識は、当然のことながら、キノコよりもはるかに多い。キノコは私たちの食料にも薬にもなれる。さらに、死をもたらすものもあれば、スピリチュアルな旅へといざなうものもある。その後、キノコは姿を消してしまう。キノコを理解することは非常に難しいが、私たちは彼らの理解に努めなければならない。

問題の解決策を示さなければ、いくら地球が危機的状況にあることを人々に伝えても、何の意味もない。その解決策は菌類と菌糸体が知っている。文字どおり、私たちの足の下にある生態学的解決策のことだ。農業を例に考えてみよう。持続可能性の新基準は「不耕起栽培」である。これは、水を吸収して炭素を隔離する能力を維持するために、土壌の攪乱（かくらん）を最小限に抑えるプロセスだ。どのようにそれを実現するのだろうか？　菌糸体に手を付けず、菌根菌を振りかけた種子を植えることによってだ。10年前だったら、そのような種はまったく見つからなかったはずだ。ところがいまは、そのような種しか見つからない。現在、園芸店で売られている土の９割は、菌根菌で強化されている。

これらの菌類の性質は、これまでほとんど見過ごされてきたが、現在注目を集めつつある。私たちは、種々の環境問題を解決するために、さまざまな能力をもつ数百の種と培養物を同定してきたが、それは第一歩にすぎない。重要なのは、それらの能力を

特定の問題とマッチングさせることである。私たちは、その作業を続けながら、「ソリューション装備一式」と呼ばれるものの開発を進めている。これは、特定の能力をもった菌類を使うソリューションを選択して、私たちが直面するさまざまな環境問題に対処するという、これまでに例のない方法である。

これは昔からずっと私の目標であり、私の初期のアイデアの多くは実際正しく、科学的に裏づけられることが証明された。研究実験をするとき、私は自分の最大の批判者、しばしば大学に勤めている批判者を探して、私が間違っていることを証明するよう依頼している。「この研究をご自身で行ってみてください」と私は提案する。「実験とその手順を考え、仮説を検証したあとで、また連絡をください」私の最も手厳しい批判者の多くは、いまでは心強い支持者になってくれている。

自然の知性や今日まで進化を続けてきた多くの生物を過小評価すべきではない。私たちがいまここに存在しているのは、進化の道筋に沿って下された非常に賢明な選択の結果であり、また、その他の種と交流して、それらを私たちの利益になるよう利用することができたからだ。これは人間だけにあてはまる話ではない。地球上で協力し合っている人間以外の生物のコミュニティは、全生命を維持する生態系の真の創造者なのだ。

数の力

これまでの科学的な議論で欠けていたのは、第3の世界、すなわち菌糸体と菌類ネットワークの影響力である。それらは食物網の基盤になっている。土壌中の生物学的炭素の7割は、生死に関係なく菌類だ。私は何年にもわたって、パズルのこの重要なピースを科学界に認めさせようとして会議に出席してきたが、聞き入れられるまでに長い時間がかかった。環境問題の解決策を探す人は地下に目を向けない。彼らは、自然の生物学的現象がこれらの問題の多くをすでに解決済みであることを理解せず、無意識に従来の考え方に基づいて、石油やコンクリートを眺めている。地下に潜む菌類を正当に評価しなければ、私たちは破滅の坂を転げ落ちてしまうかもしれない。

人間は、自分たちが最高の種であり、食物連鎖の頂点に位置し、生物圏の主たる目的は人間の役に立つことであると思い込んでいるが、この「最高の種」は保護に値するのだろうか？　この生物学的な気高さという幻想は、その幻想の裏にある自己中心性のせいで、私たちの苦しみの原因になっている。生きとし生けるものの持続可能な未来を共創する方法を理解することに関して、私たちはいまだ幼稚園児レベルである。あらゆる存在は、持続可能な未来を実現するために欠かせないのだ。

進化の中心概念は、自然選択を通じて、最も強く最も適した生物が生き残ることだ。だが実際は、コミュニティのほうが個体より

大きく育ったトガリアミガサタケ（*Morchella conica*）

珍種の食用ヤマブシタケ

も生存率が高い（科学的にも証明されている）。とりわけ、協力をよりどころにしているコミュニティにそれが言える。そのような原則に基づいて、人々は互いに与え合う関係を築きたがる。それは、本質的な善の力を反映しているのだろう。私はまた、相互利益と寛大さの概念に基づく進化は、大いなる自然の力だと考えている。菌類や植物や樹木の世界はまさにそうだ。もちろん、人間の世界にはマイナスの影響力をもつ人、すなわち悪人が存在する。だが、悪人のありさまは大多数の人に次のことを気づかせてくれるだろう――私たちが獲得しようとしている価値観や、将来世代に引き継がせたい原則に基づいて行動するほうがはるかに有益である、と。子供たちに貪欲で、意地悪で、暴力的になってほしいと思う人がいるだろうか？　慈悲、優しさ、信頼、寛大さ――これらの概念が存在するという事実は、私にとって、生命の進化が善の概念に基づいていることの事実上の証拠となるのだ。

菌類がつくる土壌は、生態系の環境収容力を増大させ、さらに生物多様性を追加するための能力を増大させる。生物多様性が複雑になればなるほど、多くの生物がそのなかで生きられるようになり、植物やほかの生物が協力してあらゆる生物に最大の利益をもたらすチャンスも増えていく。選択肢が多ければ、それだけ成功する可能性が高くなることと同じだ。真の豊かさは、所有物の多さではなく、選択肢の多さで決まるのである。

菌類学（菌類の研究）は非常に多くの解決策を提供することができる。だが、この分野は資金不足に悩まされており、十分に評価されておらず、十分に活用されていない。これは、私たちが克服しなければならない知識の隔たりを示唆していると言えるだろう。だがこれは、見方を変えれば、実用的な解決策に基づく応用菌類学を発展させるために菌類ネットワークの研究者とほかの科学者とのあいだに知識の架け橋を築き、「統合科学」を生み出す絶好のチャンスと捉えることもできる。菌類は持続可能性の主体であり、私たちを回復させる能力をもっているため、計画性をもって彼らとかかわっていかなければならないのだ。

私たちの相関性の真実

私たちが現在直面している問題は、私たちが独自のファクトを捏造する人工的な現実のなかで生きているということだ。現実が人工的であればあるほど（たとえば、「気候変動はデマである」など）、真実からの乖離（かいり）が広がっていく。このような間違った現実という幻想は、多くの場合、あなたの意識を乗っ取ろうと企てている特定のグループや人間に都合よく構築されている。あたかもビデオゲームの世界から抜け出せないように。結局、そのゲームのルールを信じてプレイするが、問題はそのルールがビデオゲームの外の世界では通用しないということなのだ。自然に自らを組み込んで現実世界で活動を始めると、しっかりと確立された新しいルールと、何千年にもわたって検証されてきた知識基盤に遭遇することになる。かなりの数の人間が現在没頭しているビデオゲームの世界を離れ、自然の意識に全面的に再関与しなければ、私たちは喫緊の課題を解決することはできないだろう。

私たちの心の奥底には、自然を感じたいという願望がある。自然に一度も身をさらしたことがない人間がどうなるかを想像できる

菌類とキノコについて言えば、私たちはそれらがどのように機能し、何を知っているのかということの上っ面をなでてきたにすぎない。

ホウキタケの仲間（*Ramaria* sp.）

だろうか？　彼らの現実がレンガや建物、直線やアスファルトに限定されていたとしたら？　それが唯一の現実観であるとしたら、そこから真に創造的なアイデアはどのくらい生まれるのだろうか？　残念なことに、ほとんどの人は、程度の差こそあれ、生態学的に貧困状態にあり、ジャーナリストのリチャード・ルーヴが適切に言い表した「自然体験不足障害」を患っている。だが、手遅れというわけではない。私たちはいまからでも最高のテクノロジーと科学ツールを使用して、敬意をもって謙虚に自然の秘密を解き明かし、自然がもつ知識の深さを示すことができる。菌類とキノコについて言えば、私たちはそれらがどのように機能し、何を知っているのかということの上っ面をなでてきたにすぎない。菌類には、文字どおり何千もの未知の種が存在し、ユニークな特性をもっている個々の種は、私たち人間が直面する深刻な問題への独自の解決策をもっている可能性がある。

5 年前や 10 年前、「すべてがつながっている」という考えは、ニューエイジの戯言のように聞こえた。現在はあまり論争になることはない。だが、この相関性が現実のものであり、誰もが解決策に関与して、意味のある影響を及ぼしうることを示すために、私たちはさらに多くの方法を開発しなければならない。

治療的介入をすべきとき

好むと好まざるとにかかわらず、私たちは自らの進化に積極的に関与している。重要な点は、私たちが生み出している問題が、自分たちの適応能力を凌駕しているため、より速い進化が求められているということだ。仮に、この変化に適応して上回ることができなければ、私たち人類は競争に負け、絶滅に向かって突き進むことになるだろう。そうした絶滅は、かつて存在した無数の種で起こった。これは私たちが十分な準備を整えて立ち向かうべき課題だが、そのためには、従来とは異なる考えをもち、意識のパラダイムシフトを起こして、あらゆる物事を総合的に見ることが必要である。

宇宙のハイテクスキャンで現れる暗黒物質の網、地球の生物圏の隅々にまで分岐する菌糸体の網、私たちの体内の毛細血管の網、そして私たちの脳の神経構造を考えると、これらは新しいパラダイムの中核をなしているように思える。すべてはつながっており、共進化している。ネットワークは自然のルールであり、例外は存在しないのだ。

カレバタケ（*Gymnopus erythropus*）

第2部
体のために

キノコをつくるだけじゃない
分解するだけでもない
重要な力をもってる
私たち菌類の「実」ばかり見て
真価に気づかなかったでしょう
私たちは革命家よ

キノコは料理の味をよくする食材として長いこと利用されてきたが、その栄養価値や薬効価値に気づいている人は現在あまりいない。古代エジプトの貴族や古代ギリシャの医師からトルテカ族（10 ～ 12 世紀のメキシコ南部を支配した部族）のシャーマンや仏教の僧侶にいたるまで、キノコは数千年にわたって治療や儀式や生存のために世界中の文化で利用されてきたのである。

一般のキノコ愛好家、活動家、イノベーターの活発なコミュニティに主導されたキノコの研究・栽培によって、キノコの信じられないほどの複雑さと、キノコがもつ驚くほど広範囲の病気と症状を治療する能力が次第に明らかになりつつある。だが私たちは、いまだキノコの可能性の上っ面をなでているにすぎない。

第 2 部では、専門家が、キノコがもつ多くの健康上の利点と興味深い性質を探求する。

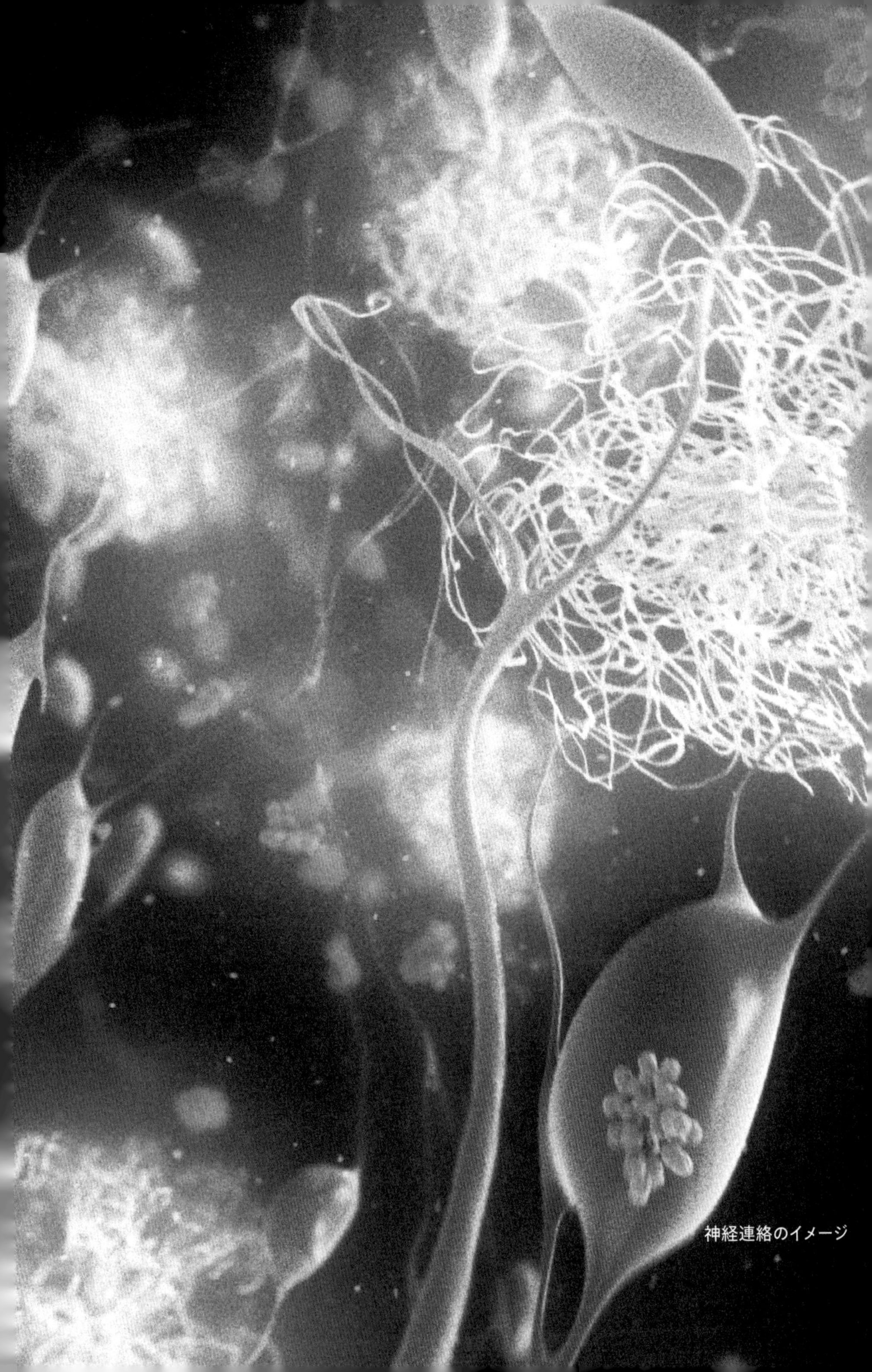

神経連絡のイメージ

第10章

キノコ――薬理学上の奇跡

アンドルー・ワイル

医学博士。統合医療の分野における世界的に有名なリーダーであり第一人者。
統合医療は、肉体、理性、精神を包含する
ヒーリング志向のヘルスケアアプローチである。

西洋の医師は、キノコが正当な薬効価値をもっていると見なすための教育を受けていない。だが、キノコは本当に薬効価値をもっている。一部の症例では、従来のアプローチよりも効果的で適切なこともある。幸いなことに、時代が変わりつつあり、キノコの効能を認める「改宗者」が続々と現れている。

さて、ここで質問だ。なぜ、キノコや、ケシや大麻などの精神活性作用のある植物は、人間の脳内や体内の受容体に一致する分子を生成するのだろうか？　それは何を伝えているのか？　どんな意味があるのか？　共進化なのか？　私たちがそれらの生物と関係があるから、そして私たちが何らかの形でそれらの生物を利用することになっているから、受容体は私たちの内部で発達してきたのだろうか？　医学部でこのような質問をしようものなら、講師から「それは目的論的だ」と言われてしまうに違いない。要するに、これらの質問は最終的な原因と目的に関するものであるため、答える必要はないということだ。だが、私は常々これらの疑問を検証する必要があると思っていた。

キノコは植物ではない。彼らは独自の世界に存在する。実のところ、キノコは植物よりも私たち人間と密接に関係している。私たちは、植物よりもキノコと多くのDNA配列を共有している。人間もキノコも同じ系統樹の枝から生じているが、どちらも植物につながる枝から離れている。キノコはきわめてめずらしい生物である。キノコの組織は植物の組織よりも動物の組織に近く、栄養素の内容も植物よりも動物に近い。キノコが私たちに与える薬効効果の一部は、遺伝的に密接な関係があることによって説明できるのだろうか？

私自身のキノコに関する長年の経験は、医師である私にとって、特に自然界に強い意識を向けるうえで非常に有益であり、大きな強みだった。私は植物学の学位を取得してから医学部に入ったが、これは非常にめずらしいことだった。だが、そのおかげで癒しや予防や治療に自然療法や自然アプローチを活用することに抵抗がなかった。キノコを同定すること、キノコ狩りを行うこと、味わうこと、料理に使うこと、食べること、薬効効果や意識変容効果を実験することなど、あらゆるキノコの体験は、個人的にも専門的にも、私の成長の非常に重要な部分である。

キノコは私に呼びかけ、私に話しかける。私はそれらを楽しんでいる。私は、彼らの近くで暮らすのが好きで、彼らの世話をするのが好きだ。彼らの美しさを楽しんでいる。彼らをメインの食材にして料理するのが好きだ。とりわけ、彼らを治療薬として利用するのが好きだ。それは、キノコ（および植物）が、製薬会社によって精製されて、さまざまなサプリメントや薬になる単一の抽出分子とはまったく異なる複雑な化学作用をもっているからだ。自然が生成したこの複雑な分子配列を私たちの体に与えると、体の組織とよりよい形で相互作用する。それらは単離した化学薬品とは大きく異なる特性と効果があり、多くの場合、より優れていることがわかった。化学薬品にも一定の効果があるが、複雑な自然療法を使用するほうが有益である場合が多いのだ。

健康上の利点

講演のなかで、私は、従来の科学界や医学界がキノコを新薬の有力な供給源と認めてこなかったことがいかに異常なことであるかを度々指摘してきた。おそらく、それはキノコのめずらしい化学作用のせいだ。キノコは自然のほかの場所では見られない分子があり、一部のキノコは毒素で満たされている。だが、薬理学的に有効な薬剤を探しているなら、毒素がある場所に行くべきだ。なぜなら、それらの多くは少量でも有効な薬になるからだ。

東アジア、とりわけ韓国、中国、日本では、薬としてキノコを使用する長い伝統がある。私は伝統的な漢方医学を研究したことがあるが、西洋の薬理学では埋めることができないすき間——免疫機能の強化や、体に優しい方法でがんを治療することなど——を埋めるために、キノコが使用されていることに非常に感銘を受けた。西洋医学では、キノコを薬効目的に使用していなかったのだ。

私はほかの医師にキノコの使用法を教えている。さらに、キノコとキノコ製品を患者によく勧めている。キノコには健康上の利点が無数にあり、現在も新しい効果が発見されつづけている。キノコが従来のがん治療を補完できる可能性があるということは、非常に興味深い。

そのよい例がカワラタケ（*Trametes versicolor*）だ。カワラタケは、小さくて薄く、灰色や褐色のリボン状の模様がある地味なキノコで、森のなかの枯れた丸太や幹に生える。カワラタケはまた、免疫系を強化するキノコのなかで最もよく研究され、研究者に強い印象を与えてきたもののひとつであり、中国やネイティブアメリカンのあいだで

青色の小さいキノコ（未同定）

数百年にわたって摂取されてきた[1]。私もがん治療にカワラタケを取り入れている。カワラタケは完全に毒性のないキノコなので、特に従来のさまざまながん治療を受けている人の補助療法として、多くの人々に勧めている[2]。感染症にかかりやすい人、がんを患っている人、骨髄や免疫系に損傷を与える可能性のある化学療法や放射線療法を受けている人にとって、カワラタケは安全性の高い治療薬になりうる。

一部のキノコは、神経系変性疾患や神経損傷を患っている人に効果的である可能性がある。ヤマブシタケはそのひとつだ。ヤマブシタケは森のなかで見つけられる食用のキノコであり、味もいい。日本の生産者はその栽培方法を学び、いまでは日本の多くの市場で手に入る。またヤマブシタケには、独自の神経成長因子も含まれている。神経損傷、神経圧迫損傷、あるいはニューロパシーを患っている人には、よくヤマブシタケを勧めている。認知症の人にも予防効果や治療効果がある可能性がある[3]。これはヤマブシタケに限ったことではない。2017年の11種類のキノコ——マイタケとノムシタケ、さらにはほかの9つの食用・薬効種——に関する研究では、それぞれが認知症とアルツハイマー病の両方を予防できる脳内の特定の神経細胞の生成を促進させることがわかった[4]。キノコに含まれている高濃度の抗酸化物質が細胞の損傷を最小限に抑え、老化プロセスを遅らせ、神経変性疾患の発生率を低下させるという研究結果もある[5]。

私が言及しているキノコの大部分は多孔

菌類と呼ばれている。これは、生きている木や枯れ木に生える、裏側に細孔や襞がある棚型のキノコだ。多孔菌類に属するキノコは有毒種がほとんどなく（アカゾメタケ［*Hapalopilus nidulans*］はその例外だ）、多くは実験をするのに非常に安全であると実証されている。多孔菌類は非常に幅広く興味深い薬効効果をもっている可能性が指摘されているが、前述した疾患のいくつかに関して、いまだ有効な結果が得られていないので、それらの化合物の試験を引き続き行う必要がある。

私には、漢方医学を学んだ医師の親友がいる。私は彼と一緒に中国に旅行したり、私の活動拠点であり、医師に講義を行っているアリゾナ大学に連れて行ったりした。彼はかつて次のように言った。「漢方医学の目的を一言で言えば、『悪を払い、善を支える』ということになるだろう」西洋医学では、悪を排除することだけに関心があり、私たちは病原体の特定とその排除に全力を尽くしている。それは確かに重要なことだが、私たちは、体を癒して防御機能を高めるのに役立つ善をサポートすることに関してはほとんど何も行っていない。私たちはこれらふたつのアプローチのバランスをとる必要があり、キノコを扱う仕事の多くは、免疫・再生システムを強化するキノコの能力を発見することを通じて、善をサポートする分野に位置しているのだ。

受容の高まり

英語圏では、キノコに対してかなり否定的なイメージがあった。キノコには栄養上の利点や医学的な可能性がないと考えられており、キノコがもつ精神活性作用は非常に危険視されてきた。だが、時代は変わりつつあるようだ。西洋文化において、キノコは再評価され、受け入れられつつある。食用キノコを食事療法に取り入れる人が増加しているため、シロシビンのマイナスイメージが薄れていくだろう。また、キノコが健康と治療にもたらす大きな価値に、ゆっくりとだが医療専門家が理解を示しつつあるように思う。

ポール・スタメッツと母

◉回復にまつわる話

私の 83 歳の母は、 2009 年にステージ 4 の進行性乳がんと診断された。 私は母と一緒に腫瘍学クリニックで多くの時間を過ごし、 余命 3 か月未満と宣告した医師と話をした。 母は全身に腫瘍があり、 乳房切除や放射線治療をするには年を取りすぎていた。 医師のひとりが、 バスタ大学においてミネソタ大学薬学部と共同で行ったカワラタケの興味深い研究の話をした。 母はそれを試してみたいと思ったのかもしれない。「まあ、私の息子がカワラタケを供給しているわ!」と笑って言った。 そんなことがあり、母はタキソール（タイヘイヨウイチイから得られた抗がん剤）とハーセプチン（従来の抗体医薬）を処方してもらい、 さらに 1 日に 8 錠のカワラタケのカプセル――朝晩 4 錠ずつ――を服用しはじめた。 およそ 10 年後の 2018 年、 93 歳の母は元気に生きており、 腫瘍は検出されていない。 カワラタケのような薬効キノコは、 従来の薬や化学療法剤の効果を高めることが広く文献で報告されており、 母はその実例だと言える。 私にはそれぞれの物質の効果はわからないが、 非常に感謝している。
――ポール・スタメッツ

菌類の真実——薬効キノコの健康上の利点と種類

キノコの健康上の利点は数千年前にさかのぼる。たとえば、カンバタケには、抗生物質、抗寄生虫、抗炎症の特性があることが知られている。このカンバタケは、5300年前にアイスマンのエッツィが携行した太古の医療キット のなかから発見された[1]。

現代では、種々のキノコの健康上の利点に関する研究ベースの証拠が次々と見つかっており、次のような効果があることがわかっている。

◉免疫系を強化する
◉ウイルス、細菌、原生動物によって引き起こされる病気や感染症を防ぐのに役立つ
◉細胞に有害なフリーラジカルを刺激する
◉骨の強度と耐久性を向上させる
◉腫瘍を刺激して自然消滅させる
◉神経系、神経組織発生、メンタルヘルスをサポートする
◉寿命を延ばす
◉血圧とコレステロール値を適正にする
◉血糖値の正常化に役立つ
◉ビタミン、ミネラル、抗酸化物質、アミノ酸、食物繊維、タンパク質の豊富な供給源となり、健康全般をサポートする

【注】
1. A. Weil, "Turkey Tail Mushrooms for Cancer Treatment?" Drweil.com, April 1, 2011, accessed July 2018; F. Li, H. Wen, Y. Zhang et al., "Purification and Characterization of a Novel Immunomodulatory Protein from the Medicinal Mushroom *Trametes versicolor*," *Science China Life Sciences*, vol. 54 (2011), https://doi.org/10.1007/s11427-011-4153-2.
2. C. J. Torkelson, E. Sweet, M. R. Martzen, M. Sasagawa et al., "Phase 1 Clinical Trial of *Trametes versicolor* in Women with Breast Cancer," ISRN Oncology, vol. 12 (2012), http://doi.org/10.5402/2012/251632; Q. Zhang, N. Huang et al., "The H+/K+-ATPase Inhibitory Activities of Trametenolic Acid B from *Trametes lactinea* (Berk.) Pat, and Its Effects on Gastric Cancer Cells," Fitoterapia 89 (September 2013): 210-17, https://www.sciencedirect.com/science/article/pii/S0367326X1300141X?via%3Dihub.
3. Erica Julson, "9 Health Benefits of Lion's Mane Mushroom (and Side Effects)," Healthline.com, May 19, 2018, accessed July 2018, https://www.healthline.com/nutrition/lions-mane-mushroom.
4. Chia Wei Pfan et al., "Edible and Medicinal Mushrooms:

最も強力な治療効果を含むキノコの多くはアメリカ原産ではない。その一方で、特にアジア産のキノコは治療効果があるキノコの上位に位置している。また、すべての薬効キノコが食用というわけではない。

以下は、現時点で健康への影響が最も強い品種だ。

◉エブリコ（*Fomitopsis officinalis*）
◉ニセモリノカサ（*Agaricus subrufescens*）
◉メシマコブ（*Phellinus linteus*）
◉チャーガ（*Inonotus obliquus*）
◉アンズタケ（*Cantharellus cibarius*）
◉サナギタケ（*Cordyceps militaris*）
◉ツクリタケ（*Agaricus bisporus*）
◉ヤマブシタケ（*Hericium erinaceus*）
◉マイタケ（*Grifola frondosa*）
◉ヒラタケ（*Pleurotus ostreatus, Pleurotus pulmonarius*）
◉レイシ（*Ganoderma lucidum, G. linzhi, G. resinaceum*）
◉シイタケ（*Lentinula edodes*）
◉カワラタケ（*Trametes versicolor*）
◉ブナシメジ（*Hypsizygus tessellatus*）

Emerging Brain Food for the Mitigation of Neurodegenerative Diseases," *Journal of Medicinal Food* (January 2017).
5. Matt Swayne, "Mushrooms Are Full of Antioxidants That May Have Anti-Aging Potential," *Penn State News*, September 9, 2018, https://news.psu.edu/story/491477/2017/11/09/research/mushrooms-are-full-antioxidants-may-have-antiaging-potential.

【コラム注】
1. M. Pleszczynska et al., "*Fomitopsis betulina* (Formerly *Piptoporus betulinus*): The Iceman's Polypore Fungus with Modern Biotechnological Potential," *World J Microbiol Biotechnol* 33, no. 5 (May 2017): 83, https://www.ncbi.nlm.nih.gov/pubmed/28378220.

ブナシメジ（*Hypsizygus tessulatus*）　　キノコ料理

大きめに刻んだキノコ

味が抜群なポルチーニ（ヤマドリタケ、*Boletus edulis*）

第 11 章

植物（と人間）の食料および薬になる菌類

ユージニア・ボーン

アメリカで有名な自然・料理ライター。
その作品は、ニューヨーク・タイムズ、ウォールストリート・ジャーナル、
サヴール、フード&ワイン、サンセットといった多くの新聞や雑誌に掲載されてきた。
『キノコ愛好症（*Mycophilia*）』や、
最新著『マイクロバイア（*Microbia*）』を含む 6 冊の本の著者。

料理用にキノコを刻む

目に見えない世界の複雑さには驚かされてばかりだ。その意味で、見える形で存在するキノコに感謝しなければならない。キノコは自然の複雑で美しい働きをほんの少し理解するのを助けてくれて、生きとし生けるものの広大な相関性に目を開かせてくれた。

私がキノコに夢中になった理由は、キノコ、特に野生のキノコを食べるのが好きだったことだ。しかし、適切なものを見つけるには、キノコの生物学的特徴と、キノコがどこでどのように成長するのかについての知識が必要だった。現在、マイコファイル——キノコに魅せられた人々——の巨大なサブカルチャーが存在する。彼らは一緒にパーティをし、旅行をし、キノコ狩りをしてキノコを食べる。彼らは貪欲な快楽主義者でありながら、科学者としての側面ももっている。私もそのような人間のひとりだ。私はほかのマイコファイルと交流をもち、優れたキノコ狩りになるためにアマチュア菌類学者のイ

ベントや研究に参加するようになった。その過程で、菌類に関する生物学である菌類学に心を奪われた。菌類学によって、私の物事に対する見方は変わった。キノコは、自然をより深く理解するための窓のようなものだ。私を、共生関係——目に見えるかどうかにかかわらず、あらゆる生物の相互依存関係——の素晴らしい物語に引き合わせてくれたのは、キノコ、すなわち菌類の物語だったのだ。

次第に明らかになる謎

私は多くの人と同じく、キノコが植物ではないことを知らずに、キノコについて学びはじめた。キノコは植物でも動物でもなく、その中間に位置しており、完全に別の世界の生物だ。キノコは植物のようにほぼ水と繊維だけで構成されており、果物のような生殖器官をもっているが、進化論的な観点で言えば、系統樹において私たち人間に近い生物だ。菌類には380万もの種が存在する。これは植物の何倍もの数だ[1]。そのうちの約2万種の菌類がキノコを生み出し、猛毒のキノコはそのうちの少数だ。毒キノコよりもわずかに多いキノコ（おそらく30種程度）が食用であり、ほかのほんの一握りが強力な健康効果をもっている。残りのキノコの効果はほとんどわかっていない。

キノコを恐れる人が多いのは、そのような不思議さが原因かもしれない。彼らは、キノコや菌類をカビや死や腐蝕と結びつけて考えている。それは無理もないことだ。要するに、多くの種は忌み嫌われているのだ。実際、キノコのなかには、飲み込むと肝臓や腎臓を取り出さなければならなくなるものが存在する。だが、食べたら死ぬ可能性があるのは、野生のベリーも同じだ。だから結局、キノコを怖がるのはキノコに対する知識がないことに原因があるのだ。

キノコは菌類の子実体である。これは次のようにイメージしてみよう。菌類は地中のリンゴの木に相当し、キノコはリンゴの果実に相当すると。キノコは胃をもつには小さすぎるため、体外の食物を分解する酵素——胃液のようなもの——を排出してその食物を摂取する。木材チップに生息する菌類は、植物を炭素、窒素、リンなどの分子に分解し、必要な栄養素を吸収して成長する。炭化水素ベースの物質を分解できる菌類も存在するようで、死んだ生物や死にかけている生物を腐蝕させるそのような菌類は、分解して得た栄養素を実際に生態系に戻している。菌類は分解される生物のライフサイクルの最終段階で作用するが、生命の材料を新しい生命にリサイクルするという意味では、ライフサイクルの最初の段階に位置しているとも言える。なお、彼らは老いることを知らず、私たちのように死ぬこともない。菌類は成長する食物がある限り、理論的には永遠に生きることができる。地球上で最古にして最大の生物のひとつが、オレゴン州の山頂に生息する菌類であるのはそんな理由からだ[2]。だが、菌類はその食料源と同じくらいしか大きくなれず、同じくらいの長さしか生きられない可能性があることも覚えておいてほしい。

種々の野生キノコ

生物学上のコネクター

キノコを生み出す菌類には、菌類の摂食方法に基づいて3つの主要なライフスタイルが存在する。それらは料理のカテゴリーのようなものであり、腐生菌（分解生物）、菌根菌と内生菌（共生生物）、および寄生生物に分類される。

腐生菌は森の切り株に見られる。倒れた木や葉などを分解して、その栄養素を獲得する。腐生菌がいなかったら、私たちは何マイルもの植物の堆積物に埋もれて生きることになっていただろう。

共生生物のうち菌根菌は、ほとんどの植物の根の表面または内部に生息し、植物が光合成で生成する糖と、水やリンなどの栄養素を交換する。これを共生関係といい、植物も菌類も互いに協力して自分では生成できない重要な栄養素を調達している。ほとんどの植物には菌根のパートナーがおり、針葉樹のように、非光合成の栄養の調達を根に生息する菌類に完全に依存している植物も存在する（針葉樹の根の先端を絞ると、キノコのようなにおいがする）。

この菌根菌の地下ネットワークは、土壌を安定させることにも役立っている。菌類はグロマリンという粘着性のある物質を放出する。グロマリンは土壌粒子を接着して防水処理を施すので、水が通過しても粒子がばらばらにならなくなる。菌根菌は、これに接続された植物同士が化学的な情報——アブラムシが移動していることについて化学的な警告など——を互いに共有できるようにする通信経路としても機能する。

内生菌はもうひとつの共生生物であり、植物の細胞と細胞のあいだに生息する菌類だ。検証されたすべての植物は、その細胞のあいだに内生菌が生息している[3]。これまでのところ、捕食者を撃退して植物を守る内生菌や、ストレス耐性を提供して、植物が異常高温などの過酷な環境を生き抜く力となっている内生菌が、科学者に発見されている。

小馬がウシノケグサの特定種をはむと病気になる可能性があるが、その原因は草ではない。小馬が病気になるのは、草の細胞のあいだに生息している菌類のせいだ。その菌類は、自分の生息地が小馬に食い尽くされないようにしているのだ。また、植物が干ばつのようなストレスにさらされると、自分の細胞を害する粒子を生成することがあるが、一部の内生菌は、植物の細胞へのダメージを軽減する抗酸化物質を生成することで、そのストレス反応を緩和している。これは心躍る研究分野だ。というのは、ある種の植物が高温環境で生存するのを助ける内生菌をほかの植物に導入すると、同様に高温環境で生存できることが判明したからだ。これは、温暖化する地球を蘇らせる可能性がある。

森林における菌根ネットワークの役割に関しては多くの意見があるが、これらのネットワークは農業にとっても重要である。菌類ネットワークが樹木に栄養素を提供しているのと同様に、農業環境の菌類も畑や庭の植物に栄養素を提供している。だが、畑を耕すと、菌類ネットワークは破壊され、菌類から水や栄養素などを得ている植物を弱らせてしまう。また、肥料をやると、植物は菌類からリンなどの生存に不可欠な栄養素を受け取る必要がなくなるため、交換物である糖の提供が停止し、菌類が減少してしまう。さらに、農地に散布される殺菌剤は、抗生物質が私たちの体に及ぼす影響と非常によく似ている。つまり二次的な被害があるということだ。一部の菌類が植物に害をもたらすことは事実であるため、病原菌を殺したくなるかもしれないが、かえって有益な菌類まで殺してしまう可能性があるのだ。したがって、干ばつやその他の環境上の脅威が作物に及ぶ場合、耕作で破壊されたり、殺菌剤で弱体化されたりした菌類ネットワークは、植物をサポートしたり、土壌を安定させたりすることができなくなってしまう。これが、アメリカ農務省（USDA）が不耕起栽培——機械で農地を耕さない栽培方法——を推薦する理由のひとつである[4]。

最後に、第3グループである菌類寄生生物は、植物を捕食するため、多くの農業従事者や園芸家に知られている。最も大きな被害をもたらす種は、森を全滅することができる。アメリカの東海岸には、かつて「東のセコイア」という巨大なクリの木の広大な森があったが、菌類によって全滅してしまった。

美食家の楽園

私たちは寄生菌類を食物としてあまり摂取しない。私が唯一思い当たるのは、ウイトラコチェ（*huitlacoche*）というトウモロコシに腫瘍（こぶ）を発生させる菌類だ。私たちが主に食べるのは腐生菌である。スーパーに行くとキノコが並んでいるが、そのおそらくすべては腐生菌──生存のために木や葉などを分解する菌類──の子実体である。その理由は、腐生菌キノコが栽培しやすいからだ。腐生菌キノコが好む栄養物を与えて、大気条件を整えてやればいい。最も一般的な栽培キノコはツクリタケ（*Agaricus bisporus*）であり、これにはホワイトボタン・マッシュルーム、クレミニ、ポルトベロが含まれる（すべて同じ種だ）。茶色いツクリタケをクレミニといい、成熟したクレミニをポルトベロという。ポルトベロは少々独特な味わいがある。それは、ポルトベロが胞子をもっており、胞子には風味があるからだ。シイタケやマイタケなどには、確かに野生種が存在するが、レストランに「野生のシイタケ」とか「野生のマイタケ」と謳ったメニューがある場合は、人工栽培のものを使用している可能性が高い。とりわけ、ロサンゼルスで6月のメニューにマイタケ料理がある場合は、人工栽培だと考えて間違いないだろう。アメリカでは、野生のマイタケは秋のキノコであり、もっぱら北東部や中部大西洋沿岸地域に生息しているからだ。

より高価なのは野生の共生種だ。ポルチーニやアンズタケといったキノコは、主として樹木などの植物と共生関係にある菌根菌の子実体である。菌類をサポートするために、果樹を植えて、土壌マイクロバイオーム（細菌叢）を確立しなければならないので、共生種を栽培するのは難しい。さらには、さまざまな生物の共生関係を再現しなければならない。ほとんどのキノコでは、経済的に実現不可能だ。結果、アンズタケのようなキノコは、森で見つけ、森から運び出し、業者に販売し、リゾットの材料になるという段階を踏むので高価になるのだ。

私たちが栽培している菌根菌はトリュフだけだ。トリュフは非常に高価なため、栽培に挑戦する人は少なからずいる。結果、ある程度の種類のトリュフがきわめて効率的に栽培されてきた。現在、何百種類ものトリュフが存在するが、好まれる味はほんのわずかだ。トリュフは地下で成長するよう進化したキノコだが、その代償として胞子の散布の主要な手段である「風」を断念した。トリュフは胞子が成熟すると芳香族化合物を放出するよう進化し、トリュフの種類に応じてさまざまな動物を惹きつける。リスを惹きつける種もあるが、人間に好まれるトリュフは豚を惹きつけるよう進化した。

イタリアの有名な白トリュフは、これまで栽培に成功したことがない。子実体の生成に別の共生体が必要だからかもしれない。実際、地下で作用する別の共生体が存在する。なお、トリュフ表面に生息する細菌は、私たちを魅了するあの素晴らしい香りの原因であると考えられている。いずれにせよ、私たちは共生関係と聞くと2種類の関係者がいることを想像しがちだが、実際

キノコを料理に使う

の自然は、あらゆる生物が何らかの形でほかの生物と共生関係を築いているのである。

人間は大きく分けて5種類の味を感じることができる。甘い、しょっぱい、酸っぱい、苦い、うまみ(肉の風味)である。キノコは、完全なタンパク質をつくるのに必要な9つのアミノ酸をすべて含んでいるため、うまみがあり、ステーキほどではないものの高タンパクだ[5]。レシピで肉の代わりにキノコを使用するのは、このタンパク質があるからだ。摂取カロリーは少なくなるが、満腹感は得られる。キノコはビタミン D_2 の供給源でもある。タンニングベッドのようなものの上に置かれたキノコに紫外線を当てると、キノコ内部の化合物がビタミン D_2 に変わる。これは、日光が私たちの皮膚の化合物をビタミン D_3 に変えることと似ている[6]。良質なタンパク質で構成されており、ビタミンDをつくる能力をもっているということは、人間が菌界と共有するさまざまな類似点のふたつにすぎない。

菌界産の薬

薬効キノコ(medicinal mushrooms)と医学キノコ(medical mushrooms)の2種類が存在する。医学キノコ(正確には医学菌類)は、爪真菌のように、私たちの体に何らかの悪影響を及ぼす。あなたがそのような感染症にかかっているのなら、治療の難しさを知っているだろう。私たちの体に巣食う菌類を殺すのはそれほど簡単なことではないからだ。系統樹において、菌類は植物よりも動物に近く、菌類を殺す薬物は私たち人間にも有害である可能性がある。医師が医学部で学ぶのは医学キノコだ。その理由は、菌類感染症を扱うほうが一般的だからである。

一方、薬効キノコは治療薬として使用される。たとえば、一部の菌類は、化学兵器のように作用する化合物を生成し、細菌、ウイルス、その他の菌類などの競争者や侵入者を撃退する。ペニシリンの供給源であるアオカビは、西洋医学で一般的に使用されているそのような菌類だ。しかし、伝統的な漢方医学やその他の自然療法では、さまざまなキノコや菌類を抽出物、茶、食品の形で処方するが、(ペニシリンのように)病気を攻撃することではなく、健康をサポートすることを目的としている。たとえば、冬虫夏草(*Ophiocordyceps sinensis*、キャタピラーマッシュルームという名でも知られている)は、チベットのコウモリガの幼虫の寄生生物であるたいへん貴重な薬効キノコである。キノコはさまざまな病気に使用されるが、二次感染を食い止める場合に特に有益であると考えられている。深刻な病気から回復しつつあるものの、いまだ免疫系の働きが弱い場合、キノコは治療中の健康を維持するのに役立つ可能性がある。

コウモリガの幼虫は、冬虫夏草の胞子に感染する小さなオレンジ色の虫だ。胞子は発芽して成長し、幼虫を内部から食いあさり最終的に殺してしまう。その間、ほかの菌類や細菌のように、幼虫の死骸を求める競争者を寄せ付けないために化学物質を生成する。最終的に、菌類は幼虫の頭部に子実体を生成する。それは実際にはキノコではないが、菌類の生殖サイクルにおいてキノコと同じ役割を果たす。いずれにしても、薬になる成分はキノコの内部にはない。菌類の防御抗生物質で満たされている幼虫の内部にあると考えられている。繰り返しになるが、人間は系統樹において菌類に近いため、それらの抗生物質は私たちにも効果をもたらす可能性がある。

微生物の知恵

マイコフィリア（菌類を好むこと）の文化は育ちつつあるようだ。単にキノコを食べたり、キノコ狩りをしたりするだけではなく、菌類の生物学的現象、栄養的および防御的に植物をサポートする菌類の能力、人間の健康における菌類の役割に興味をもつ人が増えつつあるように思える。それは、樹木のようなカリスマ的な生命体に、繁栄に欠かせない微視的なパートナーがいることを理解するための驚くべき事実であり、最近よく耳にする私たちの内臓内の細菌共生生物についての話と似ている。目に見えない世界は目に見える世界を支えているが、その事実が判明したのはごく最近のことだ。

私にとって、菌類学は微生物学という信じられないほど複雑な世界への入り口となる学問だった。菌類は微視的であり、キノ

種々の野生キノコ

ヒラタケ

コは巨視的である。そのため、菌類学の研究は目に見えない世界と目に見える世界の橋渡しになる。微視的な生命を理解するのは難しいが、目に見えるすべての生物は目に見えない生態の環境であることを私たちは認識しはじめている。細菌や菌類のような生物は、アメリカのイエローストーン公園の動物と同じ生態のルールに従って実際に機能する複雑で微視的なコミュニティの中で生息している。よって、森林を理解すれば、小さじ1杯分の土壌を理解できるとも言えるのだ。

生態――誰が誰を食べ、誰が誰を食べるのを誰が助けるのかということ――は、菌類学者のポール・スタメッツをはじめとする人々の洞察をサポートして、菌類殺虫剤がどのように作用するのか、あるいは菌類が土壌をどのように修復するかを彼らが理解できるようにする。しかし、生態学的な観点から微視的な生物に目を向けていなければ、ほとんど何も理解できない。かつて、著名な微生物学者のモセリオ・シェクターが「ユージニア、世の中の半分は微生物だ。微生物の知識がなければ、自分の半分がわからないのと一緒だよ」と言ってくれたことがあったが、まさに彼の言うとおり、微視的な生物への眼差しが欠かせないのだ。

【注】

1. David L. Hawksworth and Robert Lücking, "Fungal Diversity Revisited: 2.2 to 3.8 Million Species," Microbiology Spectrum 5, no. 4 (2017), http://www.asmscience.org/content/journal/microbiolspec/10.1128/microbiolspec.FUNK-0052-2016.
2. Nic Fleming, "The Largest Living Thing on Earth Is a Humongous Fungus," BBC.com, November 14, 2014, http://www.bbc.com/earthstory/20141114-the-biggest-organism-in-the-world.
3. M. Jia, L. Chen, H-L. Xin, et al., "A Friendly Relationship between Endophytic Fungi and Medicinal Plants: A Systematic Review," *Frontiers in Microbiology* 7 (2016): 906, https://wwwncbi.nlm.nib.gov/pmc/articles/PMC4899461/.
4. Christy Morgan, "No-Till Leads to Healthy Soil and Healthy Soil Leads to a Better Growing Season," USDA Natural Resources Conservation Service, www.nrcs.usda.gov, accessed July 2018.
5. Z. Bano, K. S. Srinivasan, and H. C. Srivastava, "Amino Acid Composition of the Protein from a Mushroom (*Pleurotus* sp.)," *Applied Microbiology* 11, no. 3 (1963): 184-7.
6. "Mushrooms and Vitamin D," BerkeleyWellness.com. December 5, 2016, accessed July 2018.

おいしいキノコ料理のレシピ

キノコの購入、保管、調理についていくつか注意することがある。キノコは菌類の子実体であるため、花や果物とほぼ同じ形で購入したり保管したりするのが望ましい。キノコを購入するときは、みずみずしく弾力性がある手触りで、土のよい香りがするものを探す。ベリーと同じで、料理の準備ができるまではキノコを洗わない。洗わずに紙袋に入れたまま冷蔵庫に保存する。キノコは、ソテー（炒める）、ロースト（長時間かけて焼く）、ブロイル（直火焼きする）、グリル（網焼きする）、ボイル（茹でる）などさまざまな方法で調理できる。生で食べられるのは一部だ。たとえば、アミガサタケは生で食べると病気になる。心配なら、火を通したほうがいい。以下はおすすめのレシピだ。

ルッコラとキノコソースのペンネ

4 人前

材料

ヒラタケ、 マイタケ、 シイタケなどお好みの有機キノコ（丈夫な茎を取り除いて粗く刻んだもの）: 2 カップ
オリーブオイル : 大さじ 5（分けて使う）
温かい鶏肉（またはキノコか野菜）の煮出し汁 : 1/4 カップ
ニンニクのみじん切り : 大さじ 1
レモン汁 : 大さじ 1 + 小さじ 1（分けて使う）
乾燥マジョラム : 小さじ 1（分けて使う）
塩と挽きたての黒コショウ : 適量
ペンネパスタ : 約 340 グラム）
洗って一口サイズにちぎった新鮮なルッコラ : 2 カップ
すりおろしたパルメザンチーズ（好みで）
刻んだイタリアンパセリ（好みで）

このレシピはパスタ・ファジョーリ（パスタと豆のスープ）のアイデアに基づいており、 驚くほどおいしい。 ルッコラをクレソンに置き換えてもよい。

オーブンを約 230 度に予熱する。 キノコをクッキートレイに置き、 オリーブオイル大さじ 2 をかけてトスする（まぜる）。 キノコが柔らかくなるまで 20 分程度ローストする。 途中 1 ~ 2 回トレイを振ってキノコの向きを変える。 キノコと煮出し汁をフードプロセッサーにかけて、 粗いピューレにする。

大きめの平鍋にオリーブオイル大さじ 2

を入れて中火にかける。ニンニク、レモン汁大さじ 1、マジョラムを加え、ニンニクを焦がさないように気をつけて、香ばしくなるまで数分間火を通す。キノコのピューレを加えて、火が通るまで加熱する。

塩コショウで味を調える。

そのあいだに、大きめの鍋に塩を加えた水を入れて沸騰させ、ペンネを加え、アルデンテになるまで約 12 分加熱する。パスタの水気を切り、キノコソースに加える。キノコソースとペンネを混ぜ合わせ、中弱火にかける。

残りの大さじ 1 のオリーブオイルと小さじ 1 のレモン汁をルッコラにトスする。オリーブオイルやレモン汁は好みに合わせて調整可（ルッコラは味付けをしなくても問題ない。そのままでもとてもおいしい）。

各皿に 1/4 カップのルッコラの付け合わせをペンネに添える。

別の方法としては、パスタにすりおろしたパルメザンチーズや刻んだイタリアンパセリをまぶして味を調えるのもいい。

野生キノコのスープ

4人前

材料

無塩バター：大さじ2

タマネギ（大型タマネギの1/2）のみじん切り：1カップ

野生のキノコ（ポルチーニ、アンズタケ、シロカノシタ、マイタケなど）のスライス：450グラム）

甘口のマルサラワインまたはマデイラワイン：1/3カップ

小麦粉：大さじ1

鶏肉（またはキノコか野菜）の煮出し汁：4カップ

新鮮なタイム：2枝

マスカルポーネチーズ（またはヘビークリーム）：大さじ4

刻んだ新鮮なタイム（付け合わせ用）

塩と挽きたての黒コショウ

高価で新鮮なキノコを買わずに野生の味を得たい場合は、乾燥ポルチーニ約140グラムを温水5カップで柔らかくなるまで約20分間煮込み、さらにホワイトマッシュルーム約450グラムをスライスする。乾燥ポルチーニが風味を加え、ホワイトマッシュルームが食感を加えている。

中火にかけた重いスープ鍋にバターを入れて溶かす。タマネギを加えて、柔らかくなるまで約3分火を通す。キノコを加え、水分がなくなるまで約15分炒める。マルサラワインを加え、蓋をして沸騰させる。蓋を外し、3～5分煮込んでワインのアルコール分を飛ばす。アルコール分が飛んだら小麦粉を加えてかき混ぜる。煮出し汁とタイムの小枝を加える。スープが沸騰したら火を弱め、時々かき混ぜながら約20分煮込む。

タイムの小枝を取り除く。キノコを半分くらい取り除き、フードプロセッサーですりつぶす。すりつぶしたキノコをスープに戻し、混ぜ合わせる。スープはコーンチャウダーくらいの濃度が望ましい。濃すぎる場合は、煮出し汁またはお湯を追加する。

盛り付けするときは、マスカルポーネチーズ大さじ1をスープの各ボウルに入れてかき混ぜ、刻んだタイムを上にのせる。

菌類の真実——最初の人工栽培キノコ

アメリカで最初に栽培されたキノコは、ツクリタケ（*Agaricus bisporus*、ホワイトボタン・マッシュルームという名で知られている）だったが、これはフランスのおかげである。ルイ 14 世の治世下、フランスの栽培者はキノコが馬の糞で成長することに気づいた。彼らはキノコの下の菌糸体を堆肥床に移し替えると、その堆肥床で制限された量のキノコが生えた。最終的に彼らは、菌糸体を乾燥させて出荷できることを理解した。これは菌糸体に関する非常に興味深い特徴のひとつである。菌糸体は乾燥によって長期間休眠状態に入るが、水を加えるとすぐに目覚めるのだ。

だが、問題がひとつあった。この乾燥菌糸体は基本的に天然の産物であり、さまざまな微生物が含まれていたのである。アメリカのバイヤーが菌糸体を購入して栽培しようとしたら、ほかの菌類や細菌によって駄目になっていたということがしばしばあった。そのためアメリカ農務省は、胞子からツクリタケを成長させる方法を理解して、種と栽培の純度の両方を確保しようとした。今日の事実上すべてのホワイトボタン・マッシュルームは、1980 年にヘルダ・フリッチェというオランダの科学者によって発見された「U1 ハイブリッド」と呼ばれる胞子と同じものに由来している。この「スーパー胞子」は、風味がよく、病気に強いキノコが大量に収穫できるので、栽培者に好まれている。実際、大きさが時計のバッテリーくらい、重さがイエバエくらいのツクリタケの菌糸体からは、10 万ポンド（約 45 トン）のホワイトボタン・マッシュルームが生産できる。

ツクリタケ（*Agaricus bisporus*）

ホコリタケ（*Lycoperdon perlatum*）、パフボールという名前で知られている

第12章

採食者のオマージュ

ゲイリー・リンコフ

キノコや菌類を「第3の世界」と呼ぶ人もいるが、私にとってそれは魔法の王国だ。学習には終わりがなく、私がどこにいても、彼らは私のことを見つけてくれる。

キノコは私の元気のもとだ。一部の人がビタミンを摂取するように、私はキノコを摂取する。キノコのことを考えるだけで、ついワクワクしてしまう。

すべての生物学者のなかで、私は故リン・マーギュリスを敬愛し、彼女が書いたものすべてを読んできた。彼女はかつて、人間社会は資本主義的・個人主義的な考え方にとらわれているから、菌根を理解できず、共生を理解できず、菌糸体の関係性を理解できないのだ、と言った。共産主義（communism）は、どことなくコミューン主義（地方自治主義、communalism）を感じさせる概念だった。あなたが科学者だったとして、この世界の原理をマクロ的・包括的な視点で捉えることに共感を覚えていたとしても、それだけでは説得力のある論を組み立てることはできないだろう。何世代にもわたって、私たちは、集団主義よりも個人主義のほうが生産的である、という社会通念にとらわれてきた。しかし、菌糸体の立場で言わせてもらえば、この世界で独立して存在しているものなど何もないのだ。

終わりなき学び

私はニューヨーク市に住んでいる。1970年代にキノコについて学びはじめたとき、この国にはキノコについて詳しい人がいないことに気づいた。ニューヨーク植物園の職員でさえ、キノコが何であるか知らなかった。それはいまでも変わらない。キノコはメインストリームではないのだ。

数年前、垢抜けない植物学会のグループと一緒に出かけたことがあった。彼らは植物の栄養学的効果や薬効効果についてほとんど気にかけなかった。要するに、彼らは見つけた植物に名前を付けたいだけだったのだ。私はたまたまヒトヨタケを入れたポリ袋を持っていた。なぜそんなものを持っていたのかは思い出せない。1時間歩いて、ポリ袋の底は黒い腐葉土でいっぱいになった。グループのなかの3人がポリ袋を見て、「おや、ヒトヨタケですか」と言った。「えっ、どうして知っているんですか?」と私が聞いたら、「私たちはニューヨーク菌類学会の会員なんですよ」と彼らは答えた。私はびっくりした。彼らのような人をずっと探していたからだ。彼らの名前は電話番号に載っていなかったし、誰も彼らのことを知らなかった。「ああ、あなたたちをずっと探していました!」それはめずらしいキノコを見つけるような体験だった。

私たちは一緒に過ごす時間が長くなったが、その分キノコについて詳しくなれたわけではなかった。だから、一緒に旅に出ることにした。最初に中国へ行き、地元の人と多くの時間を過ごしながら、キノコについて3週間勉強した。日本に行ったときも同じことをした。最終的に、6大陸30カ国を旅行して、現地の人々と交流し、キノコを勉強した。私たちはきまって次のような質問をした。「どんなキノコがありますか?　どんな場所でそのキノコは育つのですか?　私たちのようなキノコ研究者はどのくらいいますか?　そのキノコ研究者は一般の人々とどんな点で異なっていますか?　あなたたちにはキノコを使った習慣が何かありますか?」そうしたことを行いながら、私たちは自分たちとまったく異なる考えをもつグループを見つけた。グループ同士の考えの違いも大きかった。たとえば、ロシア人がキノコ好きなのは有名な話だ。同じく、極東ロシアに住む少数民族のコリヤーク人もキノコ好きである。しかし、コリヤーク人はロシアのキノコを食べないし、ロシア人はコリヤーク人のことを信頼していない。そのよい例が、ベニテングタケ（*Amanita muscaria*）だ。強い幻

種々の野生キノコ

覚作用があることで知られているベニテングタケをコリヤーク人は珍重するが、ロシア人はただの殺人キノコだと考えている。

私はキノコのそんなところが好きだ。学ぶことは無限にあるが、人が進歩の歩みを止めることはない。去年よりも多くのことを知っているし、5年前よりもはるかに多くのことを知っている。人は学びながら自分の間違いを訂正する。それは、私たちがみな間違いを犯す生き物だからだ。私たちがみな物事を誤って解釈しているからといって、それがどうしたというのか？　探究心をもって学んでいくこと以上に重要なことなどないのだ。

都市のキノコ狩り

私はタイムズスクエアから歩いていけるところに住んでいる。800エーカー（約3.2平方キロメートル）のセントラルパークから5分の場所である。冬場も含めてほぼ毎週、ニューヨーク菌類学会の同僚グループやアマチュアの菌類愛好家たちを連れて都市公園に行き、見つけたキノコを収集・調査し、同定する。天気に関係なく、フットボール日和の日曜日であっても、キノコ狩りに出かける筋金入りのキノコマニアが15人程いる。彼らの情熱は本物だ。一緒に出かけると、決まって50種類ものキノコが見つかる。ブルックリンにある500エーカー（約2平方キロメートル）のプロスペクト公園は、キノコにうってつけの場所だ。クイーンズには公園がたくさんあり、ここもキノコに適している。私たちは2011年から毎週、計画的に都市公園を訪れており、1000種類近くのキノコを見つけてきた。ニューヨーク市だけで1000種類だ！

私たちは2011年から毎週、計画的に都市公園を訪れており、1000種類近くのキノコを見つけてきた。ニューヨーク市だけで1000種類だ!

こうした活動は、都市もまた生命を育む自然の一部であり、人間が依然として自然とともにあることを示す証拠になるだろう。建物や店舗を見れば、確かに人間は自然から切り離されて存在しているかのように思える。だが、キノコがその誤解を解いてくれる。

私は、砂漠で暮らしていたとしても、やはり菌類学者になり、砂漠でトリュフを見つけることが自分の最重要ミッションになっていただろう（実際はそうならなかったが）。うまく言えないが、私にとってキノコは、いろいろな点で自分が暮らしている場所よりもリアルな存在なのだ。

◉ゲイリー・リンコフ――菌類学のビジョナリー（1942 ~ 2018）

ゲイリー・リンコフは真に独創的な人だった。自然の相関性の情熱的で熱狂的な支持者であり、菌類学の分野で人気者だった。彼は、画期的な『全米オーデュボン協会フィールドガイド〈北米のキノコ〉（*National Audubon Society Field Guide to North American Mushrooms*）』（1981 年）や、近年では『図解キノコ狩り完全ガイド（*The Complete Mushroom Hunter: An Illustrated Guide to Foraging, Harvesting, and Enjoying Wild Mushrooms*）』（2010 年）の改訂版を含む多くのキノコ同定ガイドブックを執筆した。この 2 冊は、プロ・アマチュア関係なくキノコ狩りの必読書とされてきた。彼はニューヨーク菌類学会の初期メンバーであり、北米菌類協会（NAMA）の会長を務め、コネチカット・ウエストチェスター菌類協会（COMA）で活動し、人々を教育するための深く示唆に富んだアプローチから「菌類学のソクラテス」と呼ばれた。彼はまた、ニューヨーク植物園で 42 年間講義を行い、350 を超えるコースで 4000 人以上の生徒に教えてきた。彼の精神と影響力は人々の記憶に長く残るだろう。

ゲイリー・リンコフ

茶色い小型のキノコ（未同定）

第 13 章

興味深いキノコ狩り

ブリット・バンヤード

『菌類マガジン』の発行者兼編集長。
ペンシルベニア州立大学で植物病理学の博士号を取得した大学教授であり、
現役の菌類学者。『マッキルヴェイニア　アメリカ・アマチュア菌類学ジャーナル』の元編集長、
『アメリカ昆虫学会紀要』の元編集委員でもある。

テングタケ（*Amanita pantherina*）

研究者、採集者、市民科学者といったさまざまなキノコ愛好家が集うコミュニティが次々と生まれ、菌類学の世界は変わってきた。これは文字どおり「前代未聞」だが、エコツーリズムと同じく、私たちはよい自然保護者（スチュワード）でありつづけなければならない。

私たちは 12 年前に『菌類マガジン』を創刊し、無味乾燥で専門的な学術雑誌と、読者層が狭く、テーマが限られているニッチなニュースレターとのすき間を埋めようとしてきた。もともと、キノコ狩りに出かけたり、キノコの写真撮影に夢中になったり、菌類やキノコのさまざまな用途に興味をもったりする熱心な菌類愛好家は多かったが、彼らはほかの情報源から自分に必要な情報を得ていなかった。そのため、私たちの雑誌はたくさんの読者から支持されていまにいたっている。1981 年に「ワイルド・マッシュルーム・テルユライド」として始まり、現在は「テルユライド・マッシュルーム・フェスティバル」という名前の菌類イベントは、まるで私たちの雑誌のリアル版であるかのように、バックグラウンドの異なる講演者が菌類についてさまざまなテーマで話をする。登壇者のなかには、学術的あるいは専門的な菌類学者ではない人もいるが、全員がエキスパートであることは間違いない。

例年、私たちは約 100 枚のフルパスを

販売し、その後に数百のさまざまな1日券を販売するが、2018年には、すべてのフルパスと一般公開イベントのチケットがほぼ即座に完売になった。なぜか？　近年、菌類に対する関心は着実に高まっていたが、今年はいくつかの点で異なっていた。まず、常に多くの人々を惹きつけ、このイベントの長年の精神的な支柱であるポール・スタメッツを特集したことだ。また、多くの人に愛されていたゲイリー・リンコフのために私たちがつくった記念碑のおかげもあった。さらに、マイケル・ポーランが新著『幻覚剤は役に立つのか』（2020年）のなかで、200種以上のキノコが生み出すシロシビンの治療効果について解説していることも影響したと思われる。2018年の大盛況の背景には、このような事情があったのだ。

多様なコミュニティ

キノコのコミュニティはさまざまなスレッドで構成されている。キノコを幻覚剤として使っている人、キノコ狩りが好きな人、キノコ料理が好きな人などがいる。さらにカリフォルニア大学ロサンゼルス校（UCLA）やニューヨーク大学（NYU）のような場所で、治療補助剤としてシロシビンを使用している研究者がいる。その文化は多様性に富んでいる。

歴史的に見て、キノコへの関心は主に料理の分野であり、ほかには、キノコに科学的な関心を寄せる人と、キノコの驚くべきイメージに魅せられた芸術家がいくらかいるくらいだった。だが、キノコのカウンターカルチャーがその幻覚的な要素を表面化させ、いまにいたるまでそれらの個々のグループが発展し変化しつづけている。たとえば、料理の分野では、シイタケ、ヒラタケ、アンズタケ、アミガサタケなどの一部のキノコがにわかに「クールでオシャレ」であるともてはやされ、誰もが料理に使うようになった。

一般的に、植物やハーブなどの野生生物の採集は増加傾向にある。だが、キノコの薬効成分に注目して栽培や採集をし、お茶やチンキ剤などのもとにするということは、10年前あるいは20年前には想像できなかった。その特殊な領域が急に注目されるようになった。そしていま、またしてもポール・スタメッツのおかげで、地球の浄化のために、菌類やキノコが石油の流出現場や有毒廃棄物の汚染場所で使われはじめている。このマイコレメディエーションは巨大なポテンシャルを秘めている。

こうしたことすべてが菌類学への関心の高まりにつながっているが、菌類学に関心をもっているのはアカデミックな人間だけではない。あなたや私のような人々が自ら菌類学に関与し、採集や研究や実験の方法を積極的に学んでいる。菌類学は、まさにそのような市民科学者に支えられて発展してきたのだ。

したがって、菌類学は非常に勢いがあ

あなたや私のような人々が自ら菌類学に関与し、採集や研究や実験の方法を積極的に学んでいる。

◉砂漠のトリュフ

中東と地中海南部の広大な砂漠では、「砂漠のトリュフ」と総称されるトリュフの仲間が生息している。これらの砂漠のトリュフは、雨上がりに栄養価の高い子実体を生成するので、砂漠の民にとって貴重な食料である。とりわけ、食料備蓄のほとんどを消費しつくしてしまい、新鮮な食料がまだ調達できていない時期の定番品だ。アラブ系の遊牧民であるベドウィン族のなかには、砂漠のトリュフのシーズン中はそれしか口にしない者がいる、とアラビアを旅した人が伝えている。

砂漠のトリュフはどこに生えていても大切に育てられ、有史以来人間に最も長く消費されてきたキノコである。それらの歴史は事実上、人類の文明の歴史をたどることだ。シュメール人、エジプト人、ギリシャ人、ローマ人が砂漠のトリュフについて議論した記録が残っており、ユダヤ人のタルムードやイスラム教の宗教書でも言及されている。聖書に登場する「マナ」という食べ物の正体であるという主張もうなずける。聖書のヘブライ語の原典は、「砂漠の白トリュフ」（*Tirmania nivea*）の見た目、見つかる時期と場所、採集方法だけでなく、調理方法や保存方法まで伝えている。これらの部分は、砂漠のトリュフに関するフィールドガイドのように読みつがれ、その指示の多くは、今日でもベドウィン族をはじめとする砂漠の民によって守られている。

ただ残念ながら、気候変動と人類文明の侵入によって、砂漠のトリュフの伝統的な生息地だけでなく、それらを重視する先住民の文化と生活様式までもが危機に瀕している。

――エリノア・シャヴィト

民族菌類学者。ニューヨーク菌類学会の元会長であり、北米菌類協会（NAMA）の薬効キノコ委員会の委員長。薬効キノコ、砂漠のトリュフ、民族菌類学というテーマに関する著作があり、アメリカ内外で頻繁に講演を行っている。

白トリュフ

黒トリュフ

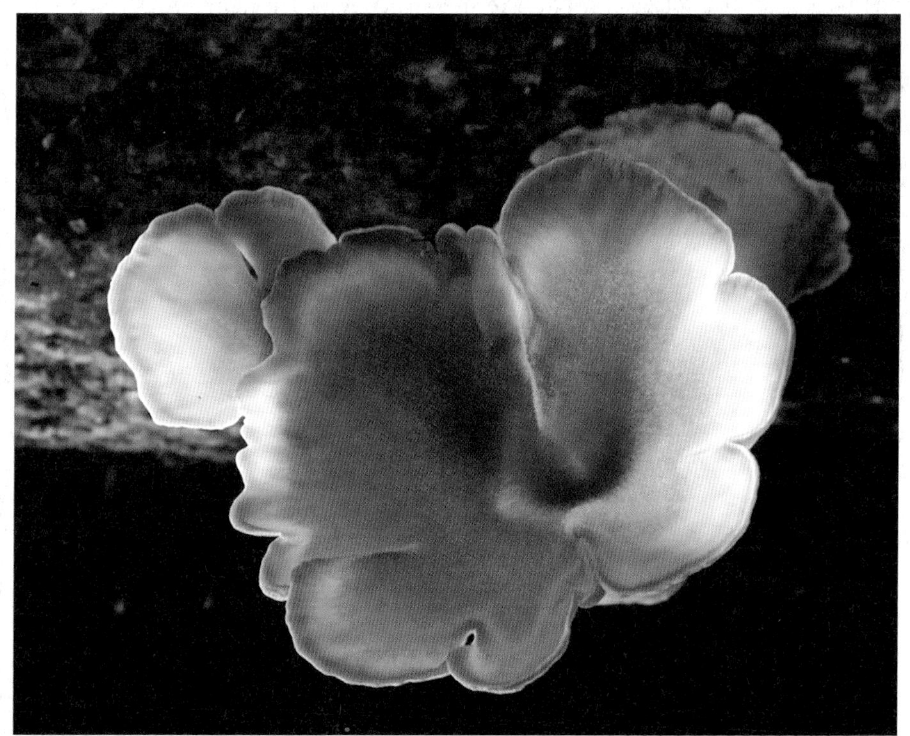

カワキタケ属の一種（*Lentinus strigosus*）

る。菌糸体、キノコ、菌類は新しい「前代未聞」になりつつある。2018 年、コロラド州で幻覚作用のあるキノコを合法化するための住民投票が行われた。「コロラドの人間はどうかしている。幻覚キノコの合法化なんてありえない」と私は思ったが、やがてこんなふうに思い直した。「いや、ちょっと待て。10 年前、大麻は絶対に合法化されないとみんな言っていたじゃないか」

次に起こること

もちろん、菌類人気による問題点も存在する。野生のキノコ狩りは国のいくつかの地域で過熱傾向にある。そのため、たとえば西部の多くの州の国有林では、キノコ狩りをするのに許可証が必要になる。ワシントン州では、キノコ狩りは、消防区域や森林管理区域の規制と同じくらい具体的に定められている場合があり、そのような場所ではキノコの種類に応じて採集できる本数が制限されている。商業的に重要な種を採集する場合は、許可書のほかに料金が必要になる。そのため、無断で森に侵入し、キノコ狩りをする人があとを絶たない。こうした事情はエコツーリズムにやや似ている。いくつかの場所で生じているトラブルは、キノコに熱を上げているが、その土地のよいスチュワードになることに魅力を感じていない困ったキノコマニアのせいなのかもしれない。それから、言うまでもないことだが、どれが食用でどれが食用でないかを理解することもトラブル回避の重要なポイントである。

しかし、全体的に見れば、こうした一連の変化は非常に有望であると私は考えている。とりわけ、キノコが地球を浄化する可能性に関して。その可能性はもう現実になりつつある。生息地の消滅や水質汚染といった暗い話題が多いなかで、キノコがそうした状況を改善できることを理解している研究グループの明るい話題も伝わってきている。

ウィスコンシン州ネセダ国立野生生物保護区の広葉樹に生えるタバコウロコタケ科

［上］種々のキノコ（提供：テイラー・ロックウッド）
［中］毒キノコを描いた絵画
［下］『夢見る菌糸体（*Mycelium Dreaming*）』（提供:オータム・スカイ・モリソン）

2000 年以上前のものと見られるマヤのキノコ石（キノコ型の石細工）

菌類の真実
時代を超えるキノコ——古代史

栄養補給であれ、 病気の治療であれ、 快楽を得るためであれ、 キノコは何千年ものあいだ世界のさまざまな文化で使用されてきた。

◉スペインで 2 万年近く前のものと見られる女性の遺体からキノコの胞子が発見された。 研究者は、 キノコが栄養目的、 薬効目的、 あるいは儀式目的で使用されていた可能性があると推測している。

◉古代エジプトでは、 キノコは「神々の息子」と呼ばれていた。 ヒエログリフのなかに、 大きなキノコを囲んで踊る貴族たちの姿を見ることができる。 また、 キノコを主菜にしたレシピも発見されており、 そのレシピではキノコの栄養価の高さを強調している。

◉アイスマンのエッツィ（オーストラリアとイタリアを隔てる国境沿いのエッツタール・アルプスで発見されたことからこのように名付けられた）のミイラは、 紀元前 3300 年頃までさかのぼることができる。 彼は 2 種類のサルノコシカケ型のキノコを持っていた。 ひとつは、 カバノキでほぼ独占的に成長し、 感染症対策や消化剤として使用されるカンバタケ（*Piptoporus betulinus*）であり、 もうひとつは、 発火具としてよく知られ、 燃えさしを遠くまで運ぶことができるツリガネタケ（*Fomes fomentarius*）である。

◉キノコはアジアで長い歴史がある。 2000 年前の文書でレイシ（*Ganoderma lucidum*）について言及している。 僧院から僧院へと移動する仏教の僧侶が、 仏教や道教の儀式で使用する菌類の治療効果に関する情報を行く先々で広めたと言われている。

◉古代ギリシャ人と古代ローマ人はキノコを神秘的な生物と考えた。 それは、 植物でも動物でもないこの生物を理解するための情報源を彼らがもっていなかったからである。 これら古代の人々は、 キノコを貴族が楽しむ珍味として扱い、 時代が下るとキノコの健康増進効果やスタミナ増強効果が認知されるようになった。

◉種々のチャーガ菌（*Inonotus obliquus*）は、 シベリアやスカンジナビアなどの北方地域で、 感染症、 炎症、 スタミナ増強、 鎮痛剤、 そして現在がんと呼ばれている病気などさまざまな症状の緩和や健康の増進に使用された。

◉メキシコとグアテマラでは、「キノコのシャーマン」と呼ばれる者を表現した数千年前のものと思われる彫像を考古学者が発見した。 メキシコのマヤ、 トルテカ、 アステカの文化は、 シロシビン（「神々の肉」）を含むさまざまな幻覚剤を儀式で使用していた。

——エリノア・シャヴィト

第14章

あなた自身の成長

クリス・ホルストロム

トムテン・ファーム――コロラド州テルユライド近郊の高地にある
オフグリッド（電力会社などの送電網につながっていない電力システム）で
パーマカルチャー（無農薬・有機農業を基本として、
人間にとって永久に持続可能な環境の創出を目指すという考え方）をベースとした
研究、実演、教育ファーム――の所有者。
非営利組織SWIRL（サウスウェスト・インスティテュート・フォー・レジリエンス）を通じて、
パーマカルチャーの設計、食用および薬効造園、
学校およびコミュニティガーデンについてのコンサルティングを行っている。

キノコの素晴らしい点は、栽培しやすく、私たちが自分の間違いから学べることである。興味あるものを選んで、ちょっと調べてみよう。キノコ栽培はそこから始まる。

何年も前のテルユライド・マッシュルーム・フェスティバルで、私はアンドルー・ワイルとポール・スタメッツからキノコ栽培の可能性の手ほどきを受けた。それ以降もトラッド・コッター、ダニエル・レイエス、レイフ・オルソンといった菌類学者の新しい主張に刺激を受けつづけている。あなたが環境や自分の健康、地球の未来について少しでも関心があるのなら、キノコの虜（とりこ）になるのにさほど時間はかからないだろう。

キノコ栽培を詳細に解説した素晴らしい本が出回っているが、私がもらったベストなアドバイスは次のとおりだ。キノコ栽培を難しく考えすぎて、自分にはできないと諦めたり、先送りにしたりしないでほしい。結局、ただ育てるだけなのだから。

コケに覆われた切り株に生えるナラタケ属の一種（*Armillaria* sp.）

以下の2点を考えよう。

1　自分はどんなキノコが好きなのか？　幸い、アメリカにはキノコの種菌の素晴らしいサプライヤーがいる。
2　どんな種類の基質――菌糸体とキノコを栽培するために使用する物質――が手に入りやすいか？　それは木材チップ、わら、段ボール、広葉樹の丸太のどれだろうか？

主要な分解者であり、非常に味がよく、栽培しやすいキノコの多くは、オークやハンノキなどの広葉樹を好む。一方、ヒラタケはキノコ栽培の世界における雑食動物のようであり、段ボール、コーヒーの出し殻、わらなどあらゆるものの上で成長可能だ。

私たちのパーマカルチャー・ファームであ

るトムテン・ファームでのキノコ栽培は、上記のふたつの問いから始まった。トムテン・ファームにはガンベルオークがたくさん生えており、私たちはシイタケの栽培を楽しんでいる。いくつかの調査と経験者からの助言をきっかけに、私は「プラグスポーン」──すでに菌糸体を注入されて栽培準備が整っている木製のダボ──を使用したオーク丸太の接種を初めて行うことになった。下準備として、直径 3 ～ 4 インチ（約 8 ～約 10 センチメートル）のオークを扱いやすい長さにカットし、樹液を固めるために約 2 週間寝かせておく。必要な道具は、5/16 ビットのドリル、ゴムの槌、蜜蠟(みつろう)である。

まず、丸太のあちこちにドリルで杉綾模様の穴を開ける。適切な深さで停止する特殊なビットがあればそれに越したことはないが、ビットに印を付けて深さを確認しながら穴を開ければ問題ない。穴の底にエアポケットができないように注意する。次に、槌で穴にダボを打ち込む。そして最後に、穴を蜜蠟で覆って湿気を閉じ込め、競合する胞子を閉め出す。

冬のあいだ雪で覆われるように、納屋の裏で丸太を保管した。春が来たら、それらを栽培に適した日陰に移し、非常に乾燥した気候のなかで時々水をやった。最初のシイタケが出るまでに 1 年かかった。2 度目の夏、丸太を水に数日間浸すとたくさんの子実体が得られた。状態にもよるが（私たちの場合、異例の干ばつを経験したため、当初の予定が狂ってしまった）6 ～ 12 か月以内に子実体が見られるだろう。

私の友人には、木材チップの廃棄物の保管場所をしょっちゅう探している林業従事者がいるので、針葉樹と広葉樹の混合チップはいつでも手に入る。本当によいものを頼めば、純粋な広葉樹のチップをたくさん持ってきてくれる。これは通常無料だが、手間賃と交通費のための数ドルをいつも彼らに支払うことにしている。

この特殊な木材チップ基質のために、未処理の廃材を使用したシンプルな屋外の苗床をつくった。チップが広げられた苗床は複数の層で構成されており、各レイヤーには水のほかに、モエギタケ科（ガーデン・ジャイアント）のおがくず──トラッド・コッターが創設した「マッシュルーム・マウンテン」産のもの──をたっぷり与えた。6 月は酷暑で乾燥しており、菌糸体を暑さから守りたかったので、早い段階で苗床を庭のローカバーで覆った。夏の終わり頃──私たちにとって夏は短かった──の苗床は菌糸体でいっぱいになり、上端の 1 インチ（約 2.5 センチメートル）がわずかに乾燥していた。初秋から子実体ができはじめたので、苗床を断熱ストローで覆った。これで来年はどうなるかを見届けようと思う。

私たちはまた、温室内にキノコ用のスペースを設けて、私が嫌いな植物であるアザミを基質に変える実験を行った。この実験は成功だった。友人が自分の土地から大量のアザミを摘み取ってきてくれた。彼の財政的な援助とファームのインターンの手を借りて、実験を行った。まず、アザミの茎を乾燥して細かく刻んだ。アザミとワラの 4 とおりの組み合わせをつくり、熱や化学的手段や嫌気的手段を用いてそれぞれの組み合わせを低温殺菌して（これにより競合する胞子と微生物の大半が死滅する）、接種（基質とキノコの種菌を混合するプロセス）の準備ができた基質を得た。次に、透明なポリ袋に基質とヒラタケの菌糸体を詰めた。その後数週間から数カ月にわたって結果を測定し、アザミ100％の基質が最もキノコ栽培に適していることを発見して私たちは喜んだ。このような驚きは、キノコ栽培をとても楽しいものにしてくれる。

こうしたシンプルな方法でも大変そうに思える場合は、キッチンカウンター用のキノコ栽培キットの購入を考えてみよう。これらは、手間がかからず、廃棄物もいらないので素晴らしい贈り物になる(学生に最適だ)。

キノコを好きになり、栽培上手になるためのコツは、キノコというおもちゃで遊んでみることだ。私たちは、キノコが驚くほど多様性に富んでいて、人間が出した「ゴミ」を分解する素晴らしい能力をもっていることに気づきはじめている。埋め立て処理される段ボールや未処理の木材製品やその他の有機物質の量を考えてみてほしい。その多くはキノコ栽培に利用可能だ。ゴミは資源になるのだ。キノコ栽培に慣れてきたら、フローフードや生産用の制御環境を利用したより高度な手法を導入してみるのもいいだろう。ゴミとして捨てられるはずのものをおいしいキノコ栽培に利用することは、簡単なだけでなく、大きな満足感も与えてくれるのである。

菌類の真実――野生を食べる

私たちが暮らしている土地から得られたものを直接口に入れるとき、その植物やキノコは素晴らしい知性と共鳴する。この相互作用は、人間もまた素晴らしい存在であることを思い出させてくれる。私たちは自分が食べたもので構成されている。これは、私たちが周囲の環境と深く結びついていることの何よりの根拠となる。地元の野生食物を体内に取り入れると、直感力が高まって、地球のよい保護者であらねばならないことを思いだす。たとえば、タンポポの根は土壌の奥深くまで入り込んでミネラルを引き上げ、それを葉に蓄える。私たちがタンポポを食べたり、お茶にして飲んだりして、ミネラルが摂取できるのはそのためだ。キノコには物質を分解してリサイクルする力がある。私たちがキノコを食べれば、体内の不要物の分解が促進される。キノコは私たちの肉体をより効率的にしてくれる。キノコは私たちの持続的な再生力、回復力、そして繁殖力の増進に貢献しているのだ。
――カトリーナ・ブレア

野生植物の擁護者であり作家。代表作に『地域の野生生物（*Local Wild Life: Turtle Lake Refuge Recipes for Living Deep*）』や『雑草がもつ野生の知恵（*The Wild Wisdom of Weeds: 13 Essential Plants for Human Survival*）』など。

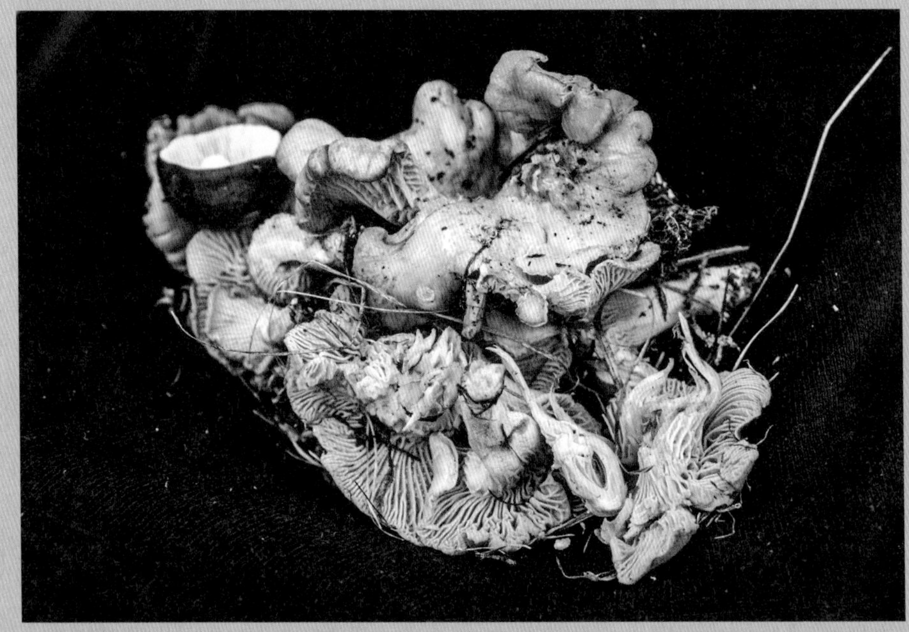

種々の野生キノコ

［上］ヒラタケ属（*Pleurotus*）、［下］人工栽培のサナギタケ（*Cordyceps militaris*）

人工栽培の茶色いツクリタケ（*Agaricus bisporus*）

わらから生えるヒラタケ（*Pleurotus ostreatus*）

第15章

人とキノコの関係

ウィリアム・パディーリャ=ブラウン

社会起業家、市民科学者、菌類学者、アマチュア藻類学者、
アーバンシャーマン、詩人、ひとりの父親。
ペンシルヴェニア州ニューカンバーランドに拠点を置く菌類研究および
キノコ生産会社「マイコシンバイオティクス」の創業者。

夢を追いかけるのに遅すぎることはない。菌類学者やコミュニティ・オーガナイザーになるための私の旅にはいろいろなことがあったが、その夢を諦めようとしたことは一度もなかった。

私は16歳のときに高校を中退した。学校が自分の成長を妨げていると感じたからだった。みんな人生を成功させるために本当に必要なことを学んでいない、と思った若い私は、別のライフスタイルを模索しはじめた。キノコとパーマカルチャー設計科学は、私にとってその可能性を解き放つカギとなった。

私はまずインターネットであれこれ調べてワークショップに参加し、最終的にこれまでにない独立の教育システムを自力で開発するにいたった。私は自分が暮らす地域で、多くの園芸家やパーマカルチャー研究者に出会った。そして、彼らとの交流を深めるにつれて、多くの人がキノコについてほとんど何も知らないことに気づいた。もっとも、彼らはみな自分の庭でキノコを栽培していた。私は調査を進め、自分が暮らしている場所の半径100マイル（約160キロメートル）で、キノコについて詳しく知っている人も、キノコについて教えている人もいないことがわかった。

現在、私は菌類学者、キノコ農家、公認のパーマカルチャー・デザイナー、そして教育者である。私は、パターン認識から得られた知識を都市環境に導入するための技術設計に多くの時間を費やしている。そうした知識や技術が、経済的なストレスの軽減やよりよい生活を築く助けになることを都市部の人々にレクチャーしている。農産物の直売所に行って子供たちと一緒に働き、彼らの生物学的リテラシーを高めようとしている。要するに、こうした人たちに新しい現実に触れる機会を与え、法に反しない別の生き方があることを教えているのだ。こうした取り組みを通して、食べ物がどこから来ているのか知らない人、コミュニティとのかかわり方がわからない人、自分が環境とどのようにつながっているのか知らない人

を大勢見てきた。都心部では、自然と触れ合う機会がなく、自分が経験しているものを理解する教育を受けていない人が多いのだ。

私はまた、食料品店があまりない市街化区域には、多くの「食の砂漠」が存在することも見てきた。店があっても、商品のほとんどが包装された加工食品で、生鮮食品はあまりないのだ。地元住民は自分が食べるものと何のつながりももっていない。だから、私が彼らに本物の食べ物、特に彼らのコミュニティで栽培された食べ物を見せることができれば、彼らはそれを手に入れて、自分が生きている世界を全体的に理解するようになるだろう。健康的で栄養価の高い食べ物——とりわけ栄養が豊富なキノコ——を見て、その食べ物がどこから来ているのかを知ること、それは、自分の生活に非常に本質的かつ有益な影響を及ぼす新しい可能性に人々を導く手段なのである。

新境地を開く

私は、2015 年にスタートした菌類研究およびキノコ生産会社の「マイコシンバイオティクス」を通じて多くの活動に取り組んできた。ウェブサイトはないが、総合的なブログ、ポッドキャスト、ソーシャルメディアで情報発信を行っている。ペンシルヴェニア州レモイン（州都ハリスバーグのすぐ外側に位置する自治体）にある本拠地には、教育目的で利用しているラボとキノコ農場がある。外部の人たちが私たちの施設を訪れて、実際に研究を体験することも可能だが、私は訪問先に実験用具一式を持っていく。

納屋や物置や地下室といった多くの人が簡単にアクセスできる場所を「キノコ農場」にすることが可能だ。少しのお金があれば、非常に多くのキノコを収穫することができるのだ。

定期的に町の外に出られる人はあまりいない。そのため、学校やさまざまなイベントの場を利用して、ほかでは決して得られない知識を届けるようにしている。また、ボルティモアのチャームシティのような都市農場や都市部のパーマカルチャー農場を訪れて、キノコの講義を行ったり、キノコを植えたり、ほかの人がどのような活動を行っているのかを学んだりしている。

私はまずクローゼットでキノコを育てはじめ、その後に自宅へと拡大し、小さなスペースで食用キノコと薬効キノコを栽培することに大変な情熱を注いだ。だから、私のキノコ栽培へのアプローチは、数百万ドルもの大金を投じてラボをつくったり、農業管理を行ったりする従来の方法とは異なる。私は誰でも扱えるローテク技術の開発にこだわっている。同じくローテク技術で実験を行っている菌類学者と知り合いであり、彼らと知識や経験を共有している。こうした成果やキノコをより多くの人に届けることは、私たち全員の活動精神を表している。これらの新技術は、農業廃棄物やコーヒーの出し殻や段ボールなどの都市廃棄物を活用して、キノコ栽培用の低コスト環境を実現している。これにより、納屋や物置や地下室といった多くの人が簡単にアクセスできる場所を「キノコ農場」にすることが可能だ。少しのお金があれば、非常に多くのキノコを収穫することができるのだ。

私はまた、薬効キノコにも大いに関心がある。母方の祖父母はがんで亡くなった。彼らはさまざまな錠剤を服用し、人生の終わりまで非常に不快な生活を送っていた。もし、レイシのようなキノコに免疫促進効果があることを知っていたら、もっと幸せな時間を送れたかもしれない。私が特に関心があるのは、もうひとつの強力な免疫系ブースターであるノムシタケ科のキノコ、具体的にはサナギタケ（*Cordyceps militaris*）だ[1]。世界中の人々が私に標本を送ってくれる。私は現在、ノムシタケ農家の新たなミクロ培養のために、回復力のある商業用の品種の開発を目指している。この手の農業はアメリカでは非常に新しいものだ。以前から、薬効目的のノムシタケ菌糸体は栽培されてきたが、実際のノムシタケ子実体の栽培は2年前に私自身が始めたことだ。私の目標は、ノムシタケの生産量を増やして多くの人々に届けることだ。

ついでに言えば、私は行く先々で食用キノコや薬効キノコを探している。奇妙な場所で成長しているとか、汚物を分解するマイコレメディエーションの役割を果たしているといった興味深い特徴をもつ菌類の標本を見つけると、ラボに持ち帰って研究する。研究で得られた知識は友人に教えるのだが、そのとき自分が菌糸体の素晴らしいネットワークを介して彼らとコミュニケーションを取っているような気持ちを抱く。私たちの目的は、さまざまな遺伝子バーコードを同定し、現在成長中の系統樹に追加すべき新しい種か何かを見つけたかどうかを確認することだ。*DNA* 分析は、分析ツールとして今後もその存在感を増していくと思う。

至福に従う

私の周囲にはキノコを変わった物体だと思う人が大勢いた。私は彼らにキノコの魅力を伝えることが自分の使命であると考え、熱心に取り組んだ。その取り組みは信じられないくらい充実していた。私は、自分のコミュニティの人々を本当の意味で助け、彼らの腹を満たし、さらには彼らの癒しになるかもしれない薬を提供しているような気持ちを覚える。私は経験から、他人の意見に左右されずに、自分の興味に従うことがいかに重要であるかを学んだ。特に、それが倫理的かつ生態学的なものであり、私たち全員がより総体的に生きる助けとなるものであればなおさらだ。自分が好きなことに全力を尽くして、それを他人と共有しよう。たとえ、あなたをサポートしてくれる人が身近なコミュニティにいなくても、世界のどこかには必ずいるのだから。

【注】

1. Yong Sun et al., "Regulation of Human Cytokines by *Cordyceps militaris*," *Journal of Food and Drug Analysis* 22, no. 4: 463-67, https://www.sciencedirect.com/science/article/pii/S1021949814000301; M. Jeong et al., "Cordycepin-Enriched Cordyceps militaris Induces Immunomodulation and Tumor Growth Delay in Mouse-Derived Breast Cancer," *Oncology Reports* 30, no. 4 (2013): 1996-2002, https://doi.org/10.3892/or.2013.2660.

都市型キノコガーデンを仲間たちと耕すウィリアム・パディーリャ=ブラウン

アラスカ州北極野生生物国家保護区に生息するチチタケ属の一種（*Lactarius* sp.）

メイン州レイチェル・カーソン国立野生動物保護区に生息するベニヤマタケ（*Hygrocybe coccinea*）

第16章

私たちのグローバル免疫システム

ポール・スタメッツ

キノコには強力な健康効果がある。先住民の文化は、昔からキノコを薬として利用してきた。西洋世界が本格的なキノコ研究に乗り出すと、キノコの驚くべきパワーが次々と明らかになった。

ワシントン州北西部の森林に自生しているのは、エブリコと呼ばれるユニークな種だ。ラテン語名は *Laricifomes officinalis* だが、*Fomitopsis officinalis* としても知られている。このキノコは2000年以上薬効目的で使用されてきた。西暦65年のヨーロッパでは、薬理学者で植物学者でもあったギリシャ系の医師ペダニウス・ディオスコリデスが、自著の『薬物誌』のなかで、エブリコについて「長寿の秘薬」と書いている。エブリコはヨーロッパとアジアでは絶滅の危機に瀕しているが、私はカナダのブリティッシュ・コロンビア州とアメリカの太平洋岸北西部に高くそびえる原生林で標本を見つけた。

私は長年エブリコの研究を行っており、世界最大のエブリコ株のライブラリーを所有している。なぜこんなにもこのキノコに惹かれるのだろうか？　それは、エブリコが地球で最も長寿のキノコだからだ。原生林の奥深くで育つエブリコは、ハリケーンの暴風と年間数百インチの雨にさらされる一方で、寄生細菌やその他の菌類の群れから身を守っている。そんな環境にあっても、エブリコは75年間生きることができる。どうして、これほど多くの圧力を受けながらも、多くの人間より長生きできるのだろうか？エブリコの長寿の秘訣は何なのか？

アメリカ国立衛生研究所と協力して、その秘訣が、エブリコの強力な免疫システムであり、新しいタイプの抗ウイルス物質であることを突き止めた。エブリコ（およびほかの菌類）の医学的価値を高める成分のひとつは、細胞から分泌され、偶然にも強力な免疫系刺激物質でもあるポリフェノールなどの代謝物だ[1]。キノコに害を及ぼす微生物の多くに人間もまた悩まされているので、エブリコの病原菌に対する宿主防御の研究から得られることには多くの応用性がある。また、微生物の競争者を撃退することにかけて、抗ウイルス物質が異なる効果を示すことを医学はずっと以前に発見しているので、できるだけ多くのエブリコ株を利用できるようにすることは重要である。幸いにも、この入手困難な種を数十年にわたって探索し、60以上のエブリコ株の分離に成功した。これらの株はひとつ残らず必要になるかもしれない。

不測の事態に対する防御

結核は、世界で9番目に多い死因であり、その割合は増加傾向にある[2]。2016年には約1000万件の新規症例があり、その3分の2はたった7カ国――インド、インドネシア、中国、フィリピン、パキスタン、ナイジェリア、南アフリカ――で占められている。2016年には、およそ100万人の子供が結核に罹患（りかん）した。現在、薬剤耐性結核が世界で深刻な問題になっており、治療の成功率は50%をわずかに上回るにすぎない。

ディオスコリデスがエブリコを称賛した理由のひとつは、エブリコが呼吸器疾患や「肺病」（現在、結核と呼ばれている病気）の治療に使用されていたからだ[3]。数年前、この話に興味をもった私を含む学術研究チームが、エブリコを求めてブリティッシュ・コロンビア州の離島に行った。いくつかのエブリコを見つけてラボで調べたところ、結核菌に対して特に有効であるふたつの新しい抗菌性化合物が見つかった。私たちは、この画期的な発見を論文にまとめて発表した[4]。

数年前、アメリカ国立衛生研究所とアメリカ陸軍感染症医学研究所が管理するバイオシールド生体防御プログラムに、300以上の種々のキノコ抽出物のサンプルを提出した。提出したサンプルのなかで目立っていたのはエブリコだった。試験された7つの株のうち、いくつかは、痘（牛痘）、豚インフルエンザ（H1N1）、鳥インフルエンザ（H5N1）、ヘルペス（HSV-1、HSV-2）などのウイルスに対してきわめて強い活性があることがわかった。これらの結果のいくつかは、ロシアの研究チームによって確認された。彼らは、既存の抗ウイルス物質と比較して、エブリコがヒト細胞に比較的無害であることを発見した[5]。多くの症状に対して一般的に使用されている現在の抗生物質に私たちの耐性が高まっていることを考えると、これらの結果は非常に期待がもてる。

重要なことだが、もし北米の先住民が、樹木内部で成長しているエブリコの菌糸体が抗ウイルス物質を分泌していることを知っていたら、ヨーロッパの入植者がもたらした天然痘やインフルエンザウイルスなどのウイルス性疾患の犠牲にならなかった可能性がある[6]。世界保健機関（WHO）は、天然痘の自然発生例が1980年に終了したことを公式に宣言したが、アメリカ政府は、テロリストが使用する可能性が最も高い生物兵器に天然痘を挙げている。アメリカ食品医薬品局（FDA）は最近、天然痘治療を

ワシントン州の原生林で採れたおよそ40年物のエブリコを手に持つポール・スタメッツ

目的とした初の薬剤であるTPOXX、すなわちテコビリマットを承認した。テコビリマットの研究は、偶然ではないだろうが、9.11のテロ攻撃後に始まった。[7]

未来を守る

菌類は医学にとってどれほど重要なのだろうか？　私たちが知っている最も明確で最もよい例は、1928年にアレクサンダー・フレミングがペニシリンを発見したことだ。フレミングは、偶発的汚染物質がブドウ球菌の培養物に侵入すると、培養物が成長しても、細菌が増殖しないことに気づいた。彼は細菌を抑制する原因に興味をもち、それがペニシリンの発見につながった。彼は1945年にその業績でノーベル賞を受賞したが、ペニシリンにはさらに多くのエピソードがある。

当時、フレミングやほかの研究所で生産されたペニシリン株は、商業化できるほど生産性が高くはなかったため、研究が続行された。1942年頃、シカゴの研究所の助手が地元の食料品店からカビの生えた果物を手に入れて、ペニシリンの最初の過剰

これらの菌類を私たちの生活や環境で組み込むことで、生態系全体の防御が強化される。

産出者となる株を分離した。同種内のさまざまな菌株が異なる量の活性成分を発現する可能性があること判明し、菌類多様性（マイコダイバーシティ）の重要性の証拠となった。これらはすべて第2次世界大戦中の出来事であり、それまで戦傷を癒すための広域抗生物質が存在しなかったこともあって、革命的な発見だった。連合国はこれらの強力な抗菌株を手に入れたが、枢軸国はもっていなかった。

これは非常に重要な発見であり、実験室が爆撃されて菌株が失われることを心配した科学者たちは、自分のシャツの襟にペニシリンカビの胞子を染み込ませて菌株を守ろうとした。医療従事者が多大な時間とリソースを割いて負傷兵の治療にあたり、彼らが回復までの長い期間を（回復したらの話ではあるが）苦しみながら過ごしたことはよく知られていた。しかし、この効果的な新しい治療法によって、治療期間が短縮し、死亡者が大幅に減少し、貴重なリソースへの負担が激減した。英米は、日独がこのような医療ツールをもっていなかったため、この発見が国家安全保障にとってきわめて重要であると考えた。実際、このペニシリン過剰生産株の発見は、医学的にも経済的にも非常に重要であったため、戦争が連合国有利に傾いたと指摘されてきた。

生息環境には人間がもっているものとちょうど同じような免疫システムがあり、キノコの菌糸体は両者をつなぐ分子ブリッジの役割を果たしていると私は考えている。これらの菌類を私たちの生活や環境に組み込むことで、生態系全体の防御が強化され、病気の媒介生物の発生を防ぐことができる。私たちは、まさに私たちが成長する環境を反映している。たとえば、あなたが上海の中心に住んでいる場合、あるいはペンシルヴェニア州ピッツバーグの環境汚染がひどい工業用地の中心に住んでいる場合、あなたはその環境を反映しており、免疫障害を患っている可能性がある。これは、あなたが他人に感染する可能性のある病気やパンデミックの媒介原因となり、生物圏全体に脅威をもたらす存在になってしまう恐れがあるということだ。

原生林とその生態系の生物多様性（バイオダイバーシティ）を保護することがきわめて重要なのは、原生林のなかに人間の生存に決定的な要素となりうる菌類種が含まれているからだ。もしいま、天然痘のパンデミックが起こったが蔓延を抑える薬が不足している場合、あるいはH5N1鳥インフルエンザがヒト型に変異して猛威を振るった場合、どうなるかを想像できるだろう。では、これらのウイルスに対して有効であるエブリコのような原生林のキノコを私たちが失ってしまい、「スーパー株」という1株だけが唯一これらのウイルスと戦うことができる場合、どうなってしまうのか？数十万ドルで森林を伐採することと、医学的な大惨事を防ぐ可能性があるから、森林とそこで生息するキノコを救うこと、どちら

ノウタケ属の一種（*Calvatia sculpta*）（提供：テイラー・ロックウッド）

がいいだろうか？

私たちは地球を共同で使用しており、自分たちがもっているものを保護しなければならない。それは、生態系の健康が私たち一人ひとりの健康に直接影響を与えるからだ。私たちは、世界中で発見されるキノコの薬効パワーの上っ面をなでているにすぎない。私たちの健康と私たちをサポートする種の健康は密接不可分の関係にある。だから、持続可能な未来を確実にするために力を合わせて活動を続けよう。ほかに選択肢はないのだから。

ラッシタケ属の一種（*Favolaschia pustulosa*）（提供：テイラー・ロックウッド）

【注】

1. Paul Stamets, "Agarikon: Ancient Mushroom for Modern Medicine," HuffingtonPost.com, December 6, 2017.
2. "Global Tuberculosis Report 2017," World Health Organization (Geneva: 2017), http://www.who.int/tb/publications/global_report/en/.
3. Paul Stamets, "Medicinal Polypores of the Forests of North America: Screening for Novel Antiviral Activity," *International Journal of Medicinal Mushrooms* 7, no. 3 (2005): 362.
4. Chang Hwa et al., "Chlorinated Coumarins from the Polypore Mushroom, *Fomitopsis officinalis*, and Their Activity Against *Mycobacterium Tuberculosis*," *Journal of Natural Products* (2013): 1916-22.
5. T. V. Teplyakov, N. V. Purtseva, T. A. Kosogova, V. A. Khanin, and V. A. Vlassenko, "Antiviral Activity of Polyporoid Mushrooms (Higher Basidiomycetes) from Altal Mountains from Russia," *International Journal of Medicinal Mushrooms* 14, no. 1 (2012): 37-45; Paul Stamets, "Agarikon: Ancient Mushroom for Modern Medicine," HuffingtonPost.com, December 6, 2017.
6. Paul Stamets and C. Dusty Wu Yao, *Mycomedicinals: An Informational Treatise on Mushrooms* (MycoMedia, 2002), 21.
7. Donald G. McNeil Jr., "Drug to Treat Smallpox Approved by F.D.A., a Move Against Bioterrorism," *New York Times*, July 23, 2018.

コガネニカワタケ（*Tremella mesenterica*）

「アース・スター（地面の星）」という名で知られているヒメツチグリ属（*Geastrum* sp.）

第3部
精神のために

パートナー探しは永遠に続く
互いを尊重し合う関係
あるいは次の旅に向かうまでの
つなぎの相手
私たちキノコは人類のそばで繁栄してきた
共生者として、何世紀も

神秘体験という現象は一般に、何世紀もさかのぼる宗教的伝統やスピリチュアルな伝統と関連づけられてきた。しかし、地球上に人類が存在してきたのと同じくらいの時間、自然の中にも似たような特異な体験を誘発する化合物が存在してきた。

神秘体験が私たちの思考や信仰、行動にどのような影響を及ぼすかについての研究は、数十年もの抑圧の時期を経て、いまや再評価（ルネッサンス）の時代を迎えている。学界の研究者たちは、シロシビンその他の向精神性物質を用いて、こうした特異な状態を引き出し、研究している。その結果は、無視できないものがある。

第3部では、キノコがいかに人間の意識の解明に寄与しうるか、専門家が最新の研究について解説する。

第17章

幻覚剤療法（サイケデリックセラピー）のルネッサンス[1]

マイケル・ポーラン

作家、ジャーナリスト、活動家。ハーバード大学ルイス・K・チャン芸術講師並びに
ノンフィクション実務家教授。
著作6冊が『ニューヨーク・タイムズ』のベストセラーリスト入りしている。
最新刊は『幻覚剤は役に立つのか』。

向精神性キノコについて、私たちは知っていることよりも知らないことのほうがはるかに多い。とはいえ、確かなこともある。こうしたキノコが幅広い精神感情障害の治療に有効であるという事実を、私たちはもはや無視することはできないということだ。

数年前、カリフォルニア大学バークレー校でジャーナリズムを教えていたとき、いわゆるマジックマッシュルームに含まれる幻覚作用成分シロシビンに関する驚くべき研究が行われていることを知った。同成分が、末期がんと診断された人々が直面する死ぬことへの不安や実存的苦悩を緩和するために、そして、神秘体験をもたらすために用いられていたのだ。

この研究にかかわる研究者何人かと話をするようになって、こうした研究の歴史が1950年代にまでさかのぼること、そして、*LSD*がカウンターカルチャーを代表するドラッグとなるずっと以前に精神医学界に取り入れられていたことを知り、私は驚愕した。LSDがうつ病やアルコール依存症、強迫性障害（OCD）、その他の精神疾患の治療に有効に用いられることを詳細に示した査読付き論文が何百本も発表されていた。私が取材した研究者たちは、このような埋もれた知識を発掘する作業に取りかかっていた。それはまさに、埋もれていたとしか言いようのないものだった。1960年代にこれらの向精神物質が実験室を出て街に出回るようになり、ある種の狂騒的エネルギーを解き放ち、勃興しつつあったカウンターカルチャーに「権威を疑え」と促すようになると、政府は鉄槌を下し、研究者たちはその方針におとなしく従い、研究は実質的に中断されてしまった。

こうした話を、私は目から鱗（うろこ）が落ちる思いで聞いた。きわめて生産的な研究分野があっけなく放棄されるという、めったに起こらないことが起きていたのだ。そして数十

年を経ていま現在、この分野はルネサンスを迎えている。ふたたびこうした強力な作用をもつ物質を取り上げ、いかに有効活用できるかを探求する実験を容認しようという機運が高まっている。これら諸々の発見がきっかけとなり、私は一冊の本を執筆した。

拙著『幻覚剤は役に立つのか』が刊行されたとき、私は多くの抵抗にあうだろうと予想していた。だが、周囲の反応は意外なものだった。私たちの社会は一時に比べて、幻覚剤療法（サイケデリックセラピー）という考えに対してずいぶん寛容になったようで、それはもはや珍説・奇説と見なされないようになっている。これは一部には、うつ病や依存症、トラウマなどに起因する人間の苦しみの規模がますます拡大しているのに対して、現在の精神医療制度が十分に対応できていないことを表しているが、同時に、非常に困難な状況に置かれた人々にとって、向精神物質の経験が強力なプラス効果をもたらすことを、新しい研究が明らかにしつつあるからでもある。

実際、一貫して保守的なアメリカ食品医薬局（FDA）がこれらの研究を奨励している。シロシビンは今後も規制薬物でありつづけるだろうが、いずれはスケジュールI薬物（濫用の危険性が最も高い）からスケジュールIV薬物（最も害が少なく、ぜんそくの処方薬などもここに含まれる）に再分類されるだろう。つまり、シロシビンはいまや、特定の精神疾患の治療薬として、一般的な医薬品承認プロセスの俎上（そじょう）に載っているのだ。

こうした成り行きに、巨大製薬企業（ビッグ・ファーマ）は関与していない。金もうけにつながるのであれば、医薬品産業も当然乗り出すだろうが、そうならない理由、できない理由が多すぎるのだ。たとえば、これらのキノコは広く栽培されており、比較的見つけやすい。肝心の分子構造は、公有財産（パブリック・ドメイン）であるか自然に存在しているか特許がすでに切れており、薬物としても常用されるものではない。すなわち、人が死ぬまで毎日服用する類いのものではないのだ。医薬品産業の研究開発費の大半はその種の薬物に注がれる。要は、特許可能であり、長期使用が見込まれる新しい抗うつ剤の開発といった具合だ。現在研究されているシロシビンやLSDを用いた治療は、錠剤を1錠か2錠、せいぜい3錠服用して終わり、といったものだ。それでは大きな利益を上げることはできない。ビジネスモデルとしてあまり優秀でないように見える。一般に医薬品産業は、自らが管理することができ、毎日服用しなければならないような薬物を好むわけだが、シロシビンのような物質はどうしてもそこにあてはまらないのである。

万人のための幻覚剤?

現在、幻覚剤（サイケデリックス）にかかわる人々のあいだでとりわけ興味深い議論となっているのが、はたして幻覚剤が、なんらかの疾患をもたない人にも適用されうるかどうかというものだ。言いかえれば、幻覚剤は健康な人を、診断可能な形でいっそう健康にするために使用できるだろうか。これらの向精神性物質は、人を根本から向上させるような

これらの向精神性物質は、人を根本から向上させるような体験をもたらすことができる。

体験をもたらすことができる。これは稀なことだ。人間の性格というのは、成人するころにはおおむね固定されてしまう。だが、シロシビンを体験すると、新しい体験や新しい相手、自然界に対してより心が開かれた状態になるようで、しかもその効果は持続するのである。2006 年にジョンズ・ホプキンス大学の研究者らが、36 人の被験者に対して 2 か月おきにシロシビンを 2、3 服投与し、その 6 割が「完全な神秘体験」をしたと報告している[2]。14 か月後に同じ被験者にインタビューを行ったところ、同程度の人が、初回試験の際に経験した幸福感の高まりが継続していると報告した[3]。

当然のことだが、病気ではない人を助けることを目的とした医薬品の研究のために研究費を獲得するのは非常に困難である。私たちの医薬品開発機構は、病気の治療を中心に据えている。にもかかわらず、向精神薬物をひとりで、または、「アンダーグラウンド・ガイド」と呼ばれる指南役の手助けを受けながら服用する人はいる。私自身、本を執筆するにあたって、そうした手助けを受けてみたが、結果はかなり良好だった。だが、幻覚体験に信頼性を与えるには、気をつけなければならない点もある。このことは、私は講演を行う際には必ず早い段階で話すようにしている。シロシビンは

シビレタケ属各種［上から］*Psilocybe zapotecorum*、*Psilocybe cyanofibrillosa*、 *Psilocybe silvatica*

ウスベニコップタケ（*Cookeina sulcipes*）

無毒で中毒性もない――家庭の薬箱にはもっと危険な薬剤が含まれている――が、バッドトリップをすることもある（それに、精神病のリスクがある人は幻覚剤を絶対に服用すべきではない）。しかし、指南役の指導の下でシロシビンを服用するというのは、しばしば語られるような恐ろしい体験とは根本的に異なる。指南役の多くは高度に熟練していて、体験が安全かつ快適であるよう、長年をかけて有効性が実証されている手順を用いる。私が懸念するのは、この手の体験を求める需要がこうしたアンダーグラウンド・ガイドの供給を上回ってしまうことで問題が起きる危険性が高まることだ。

太陽は依然として輝いている

人類は、種として危機に瀕していると私は考えている。まわりで起きているさまざまなことに、十分にすばやく対応できるかが大問題だ。すべてうまくいくという確信はない。だが、私は絶望しているというより希望を抱いている。これは、どちらかといえば状況の正確な把握によるというよりも、私の性格ゆえのことかもしれないが。たとえば、生物多様性や地球環境への意識の大切さに目覚める人がますます増えているなど、前向きな動きも多く見られる。私たちには、自分たちが自然に及ぼす影響を緩和するだけではなく、実際に治癒する装置を設計する能力があることも見てきた。多くの人は、自然についてはゼロサム思考にとらわれており、人間が勝って自然が負けるか、その逆かのどちらかしかないと思い込んでいる。これは誤った考えだ。私たちが必要とする食物とエネルギーを得ながら、同時に生物多様性を向上させ、土壌肥沃度を高められるよう、人間と自然の関係を再構築する方法は多数ある。太陽は依然として輝いている。それこそが鍵である。いわば自然による無償の恵みだ。私たちは、それをもっとうまく活用する方法を見つけ出さねばならないだけなのだ。

こうした物語の大きな部分を占めているのがキノコであるわけだが、その実態はいまだ謎に包まれている。事実、私たちがキノコについていかに「知らない」ことが多いかは驚くに値する。私たちはキノコよりも、動物は当然として、細菌や植物について多くのことを知っている。キノコは研究しづらく、ほかの生物界ほど研究において注目されてこなかったが、もう少し深く掘り下げてみれば、ものすごい価値を有している。キノコには、素晴らしい働きがあり、無限の可能性が秘められている。私たちは、それを理解しはじめたばかりなのだ。

【注】

1. 本稿は、インタビューを書き起こしたものを再編集している。
2. R. R. Griffiths, W. A. Richards, U. McCann, and R. Jesse, "Psilocybin Can Occasion Mystical-Type Experiences Having Substantial and Sustained Personal Meaning and Spiritual Significance," *Psychopharmacology* (July 11, 2006).
3. J. Lazarou, "Spiritual Effects of Hallucinogens Persist, Johns Hopkins Researchers Report," Hopkins Medicine (July 1, 2008).

第18章

試験管のシロシビン

ニコラス・V・コジ

ウィスコンシン大学医学・公衆衛生学部にて薬理学を教えるとともに
研究プログラムのディレクターを務める。

シロシビンは世界の見え方を変えるが、それはなぜなのか。そこにはどのような生化学的プロセスがかかわっているのか。そして私たちは、その知識をいかにして治癒と変革のために活用できるだろうか。シロシビンは、世界各地に生える約200種類ほどのキノコがつくり出す向精神性化合物だ。これほど多くの種に含まれるということは、この物質がこれらのキノコに共通するなんらかの必要性に対応すべく進化し、基本的な機能を担っていることを示唆している。つまり、シロシビンは、これらのキノコに共通する生化学プロセスの中心的な役割を果たしているのかもしれない。

幻覚性キノコは、メキシコ中部のマサテコ族が、何世紀ものあいだ精神的な目的のために利用してきた。1955年6月にはロバート・ゴードン・ワッソンとアラン・リチャードソンが西洋人として初めて、現地の女性祈禱師（クランデラ）マリア・サビーナが執り行うマサテコの伝統的なキノコの儀式に参加した。ワッソンは在野の民族菌類学者であり、同時にJ・P・モルガン・アンド・カンパニーの役員でもあった。彼は、何十年にもわたってキノコを研究していて、とりわけロシアの菌類に関心があった。その結果、ワッソンと妻の医師ヴァレンティーナ・パヴロヴナ・ワッソンは『ロシアのキノコとのその歴史（*Mushrooms, Russia and History*）』を共同執筆し、1957年に出版した。また、1972年には『聖なるキノコ　ソーマ』、1980年には『素晴らしきキノコ　メソアメリカのキノコ崇拝（*The Wondrous Mushroom: Mycolatry in Mesoamerica*）』を出版した。

ワッソンは1955年にマサテコ族のキノコ儀式に参加したあと、その体験を「魔法のきのこを求めて」という文章にまとめ、雑誌『ライフ』の1957年5月13日号に発表した[1]。この画期的な体験記が、西洋社会が初めてこの古くからの儀式の歴史や目的に

シビレタケ属の一種（*Psilocybe azurescens*）

触れる機会となった。幻覚性キノコが神秘的意識を生み出すために使われているという事実が、にわかに何百万人もの人の知るところになり、メキシコのオアハカには覚醒を求める人が何千人も押しかけた。

ワッソンがメキシコを再訪した際にはフランスの菌類学者ロジェ・エイムが同行し、彼はマサテコのキノコの標本をスイスの科学者アルベルト・ホフマンに送った。ホフマン博士といえば、1943年に麦角菌に含まれるアルカロイドの研究をしているときに偶然*LSD*の向精神作用を発見した人物だ。ホフマンとその仲間は、シロシビンとシロシンを分離し、マサテコ族のキノコにおける主要な向精神性物質として同定したことを、そしてこれらの化合物を合成する方法を明らかにした科学論文を1958年と1959年に発表した。[2]

合法化への道程

薬理学というのは薬物の作用を研究する科学だ。薬物がどのようにして人体に影響を及ぼすのか。身体のどこに作用するのか。効果はいつまで持続するのか。どういった影響があるのか。ウィスコンシン大学マディソン校では、シロシビンとその代謝物であるシロシンの薬物動態、すなわち、健康な人間による服用のあと、血液中や尿中にこれらの成分が検出され、また検出されなくなるまでの経時変化を研究している。[3]

私たちの研究では被験者にシロシビンを増量しながら3回、少なくとも4週間の間隔をあけて経口投与する。3回のセッションのさまざまな時点で血液および尿のサンプルを採取し、外部の試験機関が分析する。シロシビンそのものはきわめて急速に代謝され、血液中に検出されないため、分析では、3回の投与それぞれについて、シロシビンの活性代謝物で幻覚作用をもたらす成分のシロシンがどのように経時変化するかを測定する。この研究では特定の治療的効果について調べているわけではないが、被験者は体験前と体験後に臨床研究医との面談に参加し、投薬セッション中の主観的体験についてのアンケートにも回答する。[4]繰り返しになるが、薬物動態の研究において私たちの関心があるのは、人体が

[上] 未同定のキノコ（提供:テイラー・ロックウッド）
[下] たき火を囲んでマジックマッシュルームの「旅」に出かけるのは、人間が太古の昔から現在にいたるまで共有してきた体験だ

シロシビンの治療的効果に対する関心は高まっていて、不安障害や心的外傷による恐怖症、依存症など特定の精神疾患を緩和する選択肢のひとつとして検討されている。

時間の経過とともにどのようにシロシビンを処理するのかであって、特定の治療的効果ではない。シロシビンとその活性代謝物シロシンは、トリプタミンと呼ばれる化合物群に属しており、そこには脳内神経伝達物質のセロトニンも含まれる。セロトニンは、すべての人間、そして世界中の多くの動植物に見られ、神経伝達物質として人の気分、性行動、食欲、睡眠、記憶と学習、体温、一部の社会的行動、そして特定の心血管機能の調節に関与している。シロシンは、化学構造がセロトニンに類似しているため、セロトニンが作用する脳の受容体の一部を活性化させる。こうした受容体への効果は、神経細胞がどのように機能し、刺激に反応するかを変える。その結果、知覚や認知の変容がもたらされ、場合によっては神秘体験や霊的体験を引き起こすことがある。

シロシビンを含むキノコは、シロシビンのほかにもベオシスチンやノルベオシスチンなど向精神性物質として知られるいくつかの化合物をつくり出している[5]。これらの成分は、シロシビンに比べて含まれる量は少ないが、その存在がキノコ体験に影響を与えている可能性はある。私たちの研究では、私の研究室で合成した純粋なシロシビンを用いている。ということは、シロシビンを含むキノコを服用した場合と、純粋なシロシビンを服用した場合とでは同じ体験なのかという問題が生じる。私は、まったく同一とは言えないのではないかと思っている。

私たちはなんのためにこの研究を行っているのか。シロシビンの治療的効果に対する関心は高まっていて、不安障害や心的外傷による恐怖症、依存症など特定の精神疾患を緩和する選択肢のひとつとして検討されている。本校の研究は、フェーズ1試験と呼ばれるもので、シロシビンの安全性を評価し、その薬物動態を特定する。こうした情報は、シロシビンの研究がフェーズ2や3に移行するための前提としてアメリカ食品医薬局（FDA）が必要とするものだ。

次の段階での研究では、特定の精神疾患のある人にとってのシロシビンの有効性を検証する。フェーズ2試験は、数十人から数百人の患者を対象とする可能性があり、フェーズ3の治験といえば通常は何百人、何千人の患者を対象とする。また、その段階では、全米の研究施設の中から複数の機関がかかわるものとなるだろう。被験者の具体的な数については厳密な決まりはないものの、薬物の安全性と、その使用が目論まれる症状に有効であることを証明するのに十分な患者数が必要とされる。最終的な結果として期待されるのは、FDAの認可が下り、有効であると証明された特定の症状について、資格のある臨床医がシロシビンを使用できるようになることだ。

シビレタケ属の一種（*Psilocybe stuntzii*）

シビレタケ属の一種（*Psilocybe azurescens*）——世界一強力なシロシビン生成キノコ

光り輝くものをもとめて

私は人間の意識、そして意識と物理的な脳の関係に関心があるので、自分の仕事に情熱を感じている。シロシビンやその他の幻覚性化合物を研究することは、とりわけ脳科学と神秘的意識との関係を理解する手助けとなる。シロシビンのような成分は分子構造が明確であるため、そして、これらの成分が私たちの世界の捉え方を変容させ、場合によっては超越的な体験をもたらすこともあるため、人間の肉体と精神と魂がどこでどのようにして交差するのか、根本的な洞察を得るのに役立つと私は信じている。私たちを包み込むこの光り輝く体験はいったいなんだろうか。世界とは、なんだろうか。

シビレタケ属の一種（*Psilocybe baeocystis*）

【注】

1. R. Gordon Wasson, "Seeking the Magic Mushroom," *LIFE* magazine (June 10, 1957): 100-20.
2. A. Hofmann and F. Troxler, "Identification of Psilocin," *Experientia* 15, no. 3 (1959): 101-2; A. Hofmann et al., "Elucidation of the Structure and the Synthesis of Psilocybin," Experientia 14, no. 11 (1958): 397-9; A. Hofmann et al., "Psilocybin, a Psychotropic Substance from the Mexican Mushroom *Psilicybe mexicana Heim*," *Experientia* 14, no. 3 (1958): 107-9.
3. R. T. Brown et al., "Pharmacokinetics of Escalating Doses of Oral Psilocybin in Healthy Adults," *Clinical Pharmacokinetics* 56 (2017): 1543-54.
4. C. R. Nicholas et al., "High Dose Psilocybin Is Associated with Positive Subjective Effects in Healthy Volunteers," *Journal of Psychopharmacology* 32 (2018): 770-8.
5. A. Y. Leung and A. G. Paul, "Baeocystin and Norbaeocystin: New Analogs of Psilocybin from Psilocybe baeocystis," *Journal of Pharmaceutical Sciences* 57, no. 10 (October 1968): 1667-71.

第19章

超越への扉

ローランド・グリフィス

ジョンズ・ホプキンス大学医学部精神医学講座および神経科学講座教授として、
40年以上にわたり向精神性薬物の研究に従事している。

20年ほど前、私は瞑想の実践を始め、それがきっかけでいわゆる神秘体験の世界にかかわることになった。人によってはあとあとまで持続し、いい意味で人生観が変わるほどの影響をもたらすというこれらの体験について、個人的にも、科学者としてももっと知りたいとたいへん興味を惹かれた。そこで宗教体験や神秘主義の現象学について調べはじめ、そこからシビレタケ属のキノコの主な向精神性成分であるシロシビンのような幻覚剤がもたらす神秘体験について、主に1960年代に書かれた報告書にたどり着いた。こうした初期の報告書で描写されていることは、神秘体験に関心をもちはじめたばかりの精神薬理学研究者の私にとって、なんとも興味をそそるものだった。

2000年に、私は主として神秘体験の性質についての個人的な好奇心からウィリアム・リチャーズとロバート・ジェシーと組んでシロシビンの厳密な臨床薬理試験を開始した。試験では、シロシビンと対照化合物（リタリンやメチルフェニデート）を二重盲検法で比較した。実験者効果を最小限に抑えるため、被験者は幻覚剤未経験者（シロシビンや同様の化合物の服用経験がない人間）に限られ、参加者と研究スタッフ（セッションの監督者を含む）は試験の対象となっている諸条件について知らされなかった。私は神秘体験に対して真摯な関心をもっていたが、前の世代の幻覚剤研究者や提唱者の報告にはあまりにも強い報告バイアスがあるように思え、科学者として懐疑を抱いていた。

初期段階の試験とその系統的再現の結果は明白だった[1]。被験者の大半が、古くから聖職者や霊能者が語ってきた神秘体験とほぼ同じに思われる体験を報告した。私たちは、こうした体験を評価するにあたり、宗教心理学の専門家が作成した質問表を用いた。肯定的な気分、ときには寛容さや

シビレタケ属の一種（*Psilocybe cyanescens*）

愛、時空を超越した感覚について報告が見られた。体験は、あらゆる人と物がつながっているという感覚、神聖さ、そしてその体験が通常の覚醒時よりも真に迫ってリアルなものであるという確固たる感覚によって特徴づけられていた。

参加者たちは、セッションから何か月か経ったあとも、このときの体験が自らの人生の中でとりわけ個人的に意義深く、精神的に重要な体験であったと評価した。さらには、これらの体験が、その後も持続している気分や態度、行動における肯定的な変化につながったと考えており、そうした変化には社会性の著しい向上も含まれていた。参加者の行動についての友人や家族、同僚の評価は、参加者自身が報告している有益な効果が持続していることを裏づけるものだった。私は、これまでジョンズ・ホプキンス大で行ってきた薬理試験で何十年ものあいだに数多くの薬品を盲検法で投与してきたが、このようなことは見たことがなかった。この現象は非常に興味深く、前向き研究（プロスペクティブ・スタディ）に適しており、治療や人生に対する姿勢の抜本的変革、倫理的・道徳的行動の本質の理解といった分野において、広範囲にわたる影響があるように思えた。

私たちは、この分野の研究を健康な人を対象に続け、瞑想の経験が浅い人と豊富な人におけるシロシビンの効果を検証する試験を行い、さまざまな信仰の伝統の聖職者におけるシロシビンの影響についてニューヨーク大学との共同研究を現在も継続している[2]。ジョンズ・ホプキンス大の同僚フレデリック・バレットと共同で行っている神経画像研究では、シロシビンに由来する変化をもたらす効果が、脳機能を急激にかつ持続的に変化させる事象について興味深い洞察を提示している。

治療面での応用

そこそこ高い用量のシロシビンを1服投与しただけで、健康な人にこれほどにも即時に、そして長期にわたって肯定的な影響が現れたことを受け、私たちは、余命宣告に直面してかなりの不安と抑うつを感じているがん患者にもシロシビンが即時的および持続的な治療効果を及ぼすのかを調べる試験を行った。試験は厳密なプラセボ対照二重盲検法で行い、51人の患者にシロシビンを投与した。最後のセッションから6か月後、参加者の8割で引き続き不安および抑うつ症状の臨床的に有意義な減少が見られ、精神的健康度についても有意な上昇が見られた。参加者の3分の2が、このときの体験が自分の人生における有意義かつ精神的に重要な体験のトップ5に入ると報告した[3]。現在、私たちはこの研究をさらに広げ、うつ病の治療におけるシロシビンの効果を調べている。期待がもてる動きとして、2018年の時点でふたつの機関（ウソナ研究所とコンパス・パスウェイズ）が、

このときの体験が自らの人生の中でとりわけ個人的に意義深く、精神的に重要な体験であったと評価した。

森の中を伸びる菌糸ネットワークのCGによるイメージ

より大規模なフェーズ3の臨床試験を行うことを目標とした治験実施計画書をアメリカ食品医薬局（FDA）に提出している。これにより、いずれシロシビンがうつ病の治療薬として認可される可能性が生まれた。このような動きによって、これから数年のうちにシロシビンの医療目的の使用が認められると期待したい。

私はまた、ジョンズ・ホプキンス大の同僚マシュー・ジョンソンとアルバート・ガルシア＝ロメウとの共同で、タバコ依存症の治療薬としてのシロシビンを研究している。私たちは、何度も禁煙を試みては失敗している長期喫煙者へのシロシビンの影響を調べる先行研究（パイロット・スタディ）を完成させた。禁煙のための認知行動療法プログラムに参加する一環として、15人の被験者にシロシビンを2服から3服投与した。1年後、10人が禁煙を続けていた。これは、禁煙研究では前代未聞の結果だ[4]。私たちはこの重要な治療指標の研究を続け、また、神経性無食欲症（拒食症）や初期アルツハイマー病といった疾患に対するシロシビンの治療効果の可能性を探る研究も計画している。

私たちはみな仲間

シロシビンがほとんどの被験者で、自然に生じる神秘的体験とほぼ同一の体験を引き起こしうるという発見は、こういった体験が生物学的に正常であることを示唆している。そこで提起されるのが、私たちはなぜこのような力強い、神聖といっていいような、あらゆる人と物がつながっている感覚の体験をするようにできているのかという問題だ。しかも、こうした体験が、世界のあらゆる宗教に共通する倫理的、道徳的規範の根本となっていることはほぼ間違いない。神秘体験には、意識の本質そのものと深くかかわるなんらかの要素があると私は考えている。

◉神聖なものに触れる

著名な精神療法士スタニスラフ・グロフの言葉をもじって言うならば、心理学にとっての幻覚剤は、天文学にとっての望遠鏡、あるいは細菌にとっての顕微鏡のようなものだ。私たちの内なる世界を理解するには適切な道具が必要で、幻覚剤は東西両方の文明が何千年ものあいだ、人間の魂と精神を理解するために使用してきた。私は、幻覚剤が一種の神聖な知能に私たちをつなげてくれ、唯物科学がうまく扱えなかった疑問に答えてくれると信じている。

イギリスの歴史学者アーノルド・トインビーは、文明の興亡の研究にキャリアを捧げた。彼は、繁栄する文明は精神的な中心部のまわりに興るもので、そのように人間をつなぎとめる役割を果たしているアイデンティティから人間が離れてさまよいだすと、文明の機構は崩壊の道をたどると信じていた。トインビーはまた、文明は極端な挑戦に応戦して成功したときに進化し、失敗したときに消滅すると考えていた。「人間が文明を獲得するのは、生物学的に優れた能力や地理的環境の結果ではなく、これまでにない努力をするように人間を奮い立たせる特別に困難な状況における挑戦への応戦としてである」と彼は言う[1]。現在、人類はそうした時代にあると私は言いたい。私たちは過去数世紀のあいだに、人類と地球のつながりに関する神聖な知識から完全に分断されてしまった。私たちは、環境への配慮という点で賢明な種族ではない。

私は、幻覚剤がこの神なる自然の感覚を目覚めさせ、人類と地球を治癒する新しい方法を見いだすための最良のきっかけになると信じている。そして、シロシビンをめぐる一連の出来事が、20世紀における展開の中でもきわめて驚異的で、期待に満ちたものだとも。この分野の研究のほとんどはこれまで秘密裏に行われてきたが、シロシビンがもたらす多くの恩恵は明らかになりつつあるし、すでに革新的な洞察が次々と生まれている。洞窟の壁画に描かれたキノコの絵から、マヤ文明における儀式での使用や「キノコ石」、さらには今日では食物や薬、または意識拡張への扉として見直されるにいたるまで、人類は古くからこれらの神聖な植物とかかわりをもってきた[2]。私たちの理解の及ばない、幻視的で神秘的な真実が存在し、私たちに手を差しのべようとしている。私は、シロシビンが、私たちを宇宙の叡智や神の知につなげるスピリチュアル・ルネッサンスの一端を担っていると信じている。

菌類は地球上に存在する最古の生命体に含まれるので、人類を含むあとに続くより複雑な生命体すべてにとって、ある種の親のような存在だ。シロシビンを摂取することで、私たちはある意味、意識の覚醒計画の一環としての人類の進化の歴史に触れているのだ。それは、ずっと欠乏していた重要なビタミンを摂るようなものだ。私たちの幻視能力は衰えている。ふたたびそれを活用し、私たちに魂があることを確かめるときが来ている。

――アレックス・グレイ

アーティスト、文筆家、教師。彼の変革的芸術（トランスフォーマティブ・アート）の代表作は、ニューヨーク州ワッピンガーにある「聖なる鏡の礼拝堂（*Chapel of Sacred Mirrors*）」に収められている。認知的自由と倫理センター顧問理事、ウィズダム大学宗教美術学講座責任者。

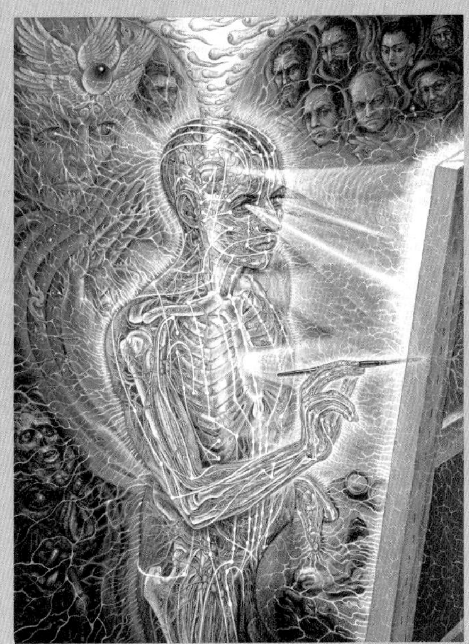

「ペインティング（*Painting*）」（1998 年、リネンキャンバスに油彩、 30 × 40 インチ）

「オーバーソウル（*Oversoul*）」（1999 年、リネンキャンバスに油彩、 30 × 40 インチ）

「幻視的な言語の起源（*Visionary Origin of Language*）」（1991-98 年、 紙にアクリル絵の具、 10 × 14 インチ）

「ネイチャー・オブ・マインド・パネル 1（*Nature of Mind Panel I*）」（1995 年、木に油彩、8 × 10 インチ）
（図版はすべてアレックス・グレイ提供）

　意識を内側に向けることで、自分が意識しているという事実を意識することができるという不思議な真実を考えてみよう。そうすれば、私たちの人間性の根幹をなす明白かつ深淵な内なる知識がわきあがってくる。すなわち、私たちはみな仲間であることに気づき、お互いに慈しみ合いたいという衝動が生じる。瞑想やその他の精神活動を通じてこの内なる知識を探求することは、私たちの世界観に根本的な好ましい変化をもたらすことができると私は信じている。多くの人にとって想像もできないような自由、安らぎ、喜び、感謝の感覚に目覚めるのだ。

　興味深いことに、シロシビンがもたらす至高体験が、そのような覚醒体験の厳密な前向き研究のモデル系となるように思われる。研究により、私たちの行動の根底にある生物学的基盤が明らかになり、治療面で数々の革新的な応用が生まれると、私は確信している。しかし、より重要なことに、こうした体験が私たちの倫理や道徳の理解の基礎をなすらしいということを考えると、研究を進めることは最終的には私たちの種としての生存の鍵となるかもしれないのだ。

【注】

1. Roland R. Griffiths, W. A. Richards, U. McCann, and R. Jesse, "Psilocybin Can Occasion Mystical Experiences Having Substantial and Sustained Personal Meaning and Spiritual Significance," *Psychopharmacology* 187 (2006): 268-83, https://doi.org/10.1007/s00213-006-0457-5; Roland R. Griffiths, M. W. Johnson, W. A. Richards, B. D. Richards, U. McCann, and R. Jesse, "Psilocybin Occasioned Mystical-Type Experiences: Immediate and Persisting Dose-Related Effects," *Psychopharmacology* 218, no. 4 (2011): 649-65; Roland R. Griffiths, W. A. Richards, M. W. Johnson, U. McCann, and R. Jesse, "Mystical-Type Experiences Occasioned by Psilocybin Mediate the Attribution of Personal Meaning and Spiritual Significance Fourteen Months Later," *Journal of Psychopharmacology* 22, no. 6 (2008): 621-32.

2. Roland R. Griffiths, M. W. Johnson, W. A. Richards, B. D. Richards, R. Jesse, K. A. MacLean, F. S. Barrett, M. P. Cosimano, and K. A. Klinedinst, "Psilocybin-Occasioned Mystical-Type Experience in Combination with Meditation and Other Spiritual Practices Produces Enduring Positive Changes in Psychological Functioning and in Trait Measures of Prosocial Attitudes and Behaviors," *Journal of Psychopharmacology* 32, no. 1 (2018): 49-69.

3. Roland R. Griffiths, M. W. Johnson, M. A. Carducci, A. Umbricht, W. A. Richards, B. D. Richards, M. P. Cosimano, and M. A. Klinedinst, "Psilocybin Produces Substantial and Sustained Decreases in Depression and Anxiety in Patients with Life-Threatening Cancer: A Randomized Double-Blind Trial," *Journal of Psychopharmacology* 30, no. 12 (2016): 1181-97.

4. M. W. Johnson, A. Garcia-Romeu, M. P. Cosimano, and R. R. Griffiths, "Pilot Study of the 5-HT2AR Agonist Psilocybin in the Treatment of Tobacco Addiction," *Journal of Psychopharmacology* 11 (2014): 983-92; M. W. Johnson, A. Garcia-Romeu, and R. R. Griffiths, "Long-Term Follow-Up of Psilocybin-Facilitated Smoking Cessation," *American Journal of Drug and Alcohol Abuse* 43, no. 1, 55-60.

【コラム注】

1. アーノルド・J・トインビー『歴史の研究』第1巻 Arnold J. Toynbee, *A Study of History*: Volume I: Abridgement of Volumes I-VI (Oxford U.P.), 570.

2. Brian Akers, "A Cave in Spain Contains the Earliest Known Depictions of Mushrooms," *Mushroom: The Journal of Wild Mushrooming,* accessed August 23, 2018, https://www.mushroomthejournal.com/a-cave-in-spain-contains-the-earliest-known-depictions-of-mushrooms/;?F. J. Carod-Artal, "Hallucinogenic Drugs in Pre-Columbian Mesoamerican Cultures," Neurologia 30, no. 1 (January-February 2015): 42-9; Carl de Borhegyi, "Precolumbian Maya Mushroom Stone Cult," Pre-Columbian Art, May 10, 2012, accessed August 23, 2018, https://mayamushroomstone.wordpress.com/2012/05/10/mushroom-stones/.

着色光で見る未同定のキノコ

第20章

迷路の中の道案内

メアリー・コシマノ

ジョンズ・ホプキンス大学によるシロシビン研究の
研究・臨床部門で被験者のガイド役を務めている。

ホウライタケ属の一種

シロシビン研究の臨床現場は、研究プロセスのきわめて重要な要素だ。私たちは基本的に、参加者が最も内なる自己を探求できるように神聖な空間をつくり出す。私たちが実施するシロシビン研究に登録する被験者は全員、準備段階から実際の投薬セッション、そして事後の治療統合を目的としたセッションまでの全行程を通じて、伴走するガイド役をふたりずつ割り当てられる。私はこれまでに投薬セッションで440回ほど、投与前や投与後の面談では1000回ほどガイドを務めている。

投与前の導入セッションは、そのときの状況や被験者がどこに住んでいるかにもよるが、通常は数日から数週間をかけて計8時間行われる。被験者とのあいだに信頼関係および人間関係を確立することで、シロシビンを投与したときに、彼らが安心してどのような体験に対しても心を開いていられるようにすることを主眼としている。時間をかけて被験者のそれまでの生き方や人生の物語について話し合う。これは通常、彼らの現在の健康状態になんらかの形でつながっている。投薬セッション当日、被験者は午前中にシロシビンを摂取し、その後はアイマスクとヘッドフォンをつけ、ソファに横たわりながら高用量シロシビン服用時のために編まれた音楽、すなわち、美しく気分が高揚するような楽曲を聞いて過ごす。音楽が安全な「うつわ」となって、被験者たちは

ムラサキホウキタケ（*Clavaria* sp.）

自分の内面に深く潜り、緊張することなく、シロシビンがもたらすいかなる体験にも入っていけるのだ。

こうした体験を通じて、私自身が何を得るのか説明するのは難しい。ある意味、これらの体験は被験者にとってと同じように、私にとっても言葉で言い表しえないものだ。少なくともそのような神聖な場に立ち会えることを光栄に思う。勇気ある被験者たちが自らの弱さ、そして度胸を現していくなか、急速に深い関係が生まれる。彼らの歩みの証人となり、困難な瞬間を乗りこえる手助けをしたり、打開の瞬間を共有したりすることで、私は自分自身の内にまったく同じ要素があることを思い出さざるをえない。この広大であると同時につながりのある空間のなかで、心は開かれていく。繰り返しになるが、言葉にするのは難しい。ともに旅をする被験者のほぼ全員とのあいだに、何か根源的で美しいものが生まれる。

◉ジョンズ・ホプキンス大学のセッション記録

ジュディス
詩人、元は学生向けの鍼治療院の臨床監督。20 年間にわたり個人営業を続けた。肝臓がん。

私は自分の大切な、これまでがんばってきた身体を……なんの報いも約束されていないあれにさらしてよいのか迷っていたけれど、チームのことは信頼していた。気持ちが変わったのは「体験を通じて直面する困難は建設的なものか。生産的か。それとも無意味に暴力的なものか」と質問したとき。「建設的だ」と言われ、「どんなときも、100%そうなのか」と尋ねた。「そうだ」という答えを聞いて、私は「じゃあ、やります」と言った。

ゴシック調の天井、装飾を凝らした木工細工、急速に変化する色彩のイメージ。何が起きているのかをそこにいる人たちに説明しようにも、脳がうまく働かなかった。説明しようと苦戦していると、彼らは「わかってる。そのまま体験を受け入れて」と言ってくれた。すると今度は自分がそのイメージになっていた。もはやイメージを観ているんじゃなくて、そこで「うわぁ」となった。何かに取り憑かれるってこういう感じかしら。頭の中で、私は言ったの。「ちょっと待って。もし私が、自分自身を完全にあなたに委ねるとしたら、少なくともこの部屋に入ってきたときと同じくらい強靱な状態でいられるって約束してくれる?」と。それに対して、「私が、自分の手仕事をないがしろにすると思うのか?」という答えが聞こえてきたとき、何もかもがぱあっと明るくなった。自分に息が吹き込まれ、それによって生かされる経験をした。なんだか神聖な気分、説明しがたい気分だった。イメージはどんどん変化しはじめて、それは見事なものだった。そのイメージが私であるような気がした。とても安らかな気持ちになった。かつて感じたことがない心地。私は完全だった、でも完璧ではなく……。

視覚的イメージは続いていた。金糸を織り込んだタペストリーのイメージがあった。1本1本の糸がその織物には必要で、1本1本の糸に存在理由がある。私たちはみんな仲間だ。みんなが必要とされている。すべての始まりとすべての終わり、すべての誕生とすべての死、そしてそのあいだにあるすべてが認められていて、愛されていて、とても大切に思われている。私があれほど長い間感じていた恐ろしい孤独感が消えた。ものすごいことだった。

あとでこのときの体験を形にしようと、「プリズム」という題で次の短い詩を書いた。

まっ白な光が、生きたプリズムを通過し——
輝く眩しい色彩に分散され、ただただ発光して遊ぶ
蛍光色の海中生物のようにうねっている
私たちは、不思議なことに自分たちが見えない。

トニー
俳優。前立腺がん。

がんが前立腺に入り込んで、それからリンパ節にも。そうなると、それまでとはまったく話が違ってくる。医者たちがそれを見て言ったのは、つまり、おそらく再発するだろう、しかも早いうちにということ。それからモデルや統計などを見せられて、あとどれくらい生きられるかの見込みの話もされた。こうしたことと向き合うのは、ものすごく大変だった。できるだけがんばったけれど、助けが必要だとわかっていた。

セッションが始まる前は、自分のあれこれ、つまり、コンプレックスとかそういうのがすべてさらけ出されるんじゃないかと、とても心配だった。心がかき乱されるようなことが明るみに出てしまうのが。最初は怖くて、腕や脚が消えてなくなるように感じはじめたときには、「なんでこんなことやるって言っちゃったんだろう」と思った。

正確にはなぜかわからないのだけど——もしかしたら自分がこの道のりをもう何年も歩んでいるからかもしれないけど——ずっと呟いていた。「心を解き放つんだ。手放そう。自分を解放して体験を受け入れるんだ」。そうして執着を手放せば手放すほど安心感を感じ、成り行きにまかせて進んでいった。すると……何者かに遭遇し、それは「私はここにいる」と言って、手を差し伸べてきた。そこで直感的に理解した。自分がこれまで恐れていたすべてのことは重要ではない。この存在につながることが重要なんだと。人間の法則を超えた法則が世の中に存在していることを理解したが、同時に私たちが、人を集団の構成員としてではなく個々の人間として扱うような、肯定的な生き方を選ぶことができることも理解した。私たちはみな、お互いに、そして土地や自然ともつながっている。

この高次の存在との遭遇は、深い印象を残した。結果として、私たちにはこの世界で果たすべき役割があると感じられるようになった。より辛抱強くなったし、困難に直面しても考え抜こうという意欲、他人に優しくしようという意欲も増えた。もっと思いやりをもった生き方をして、文化や社会が毎日のように、こういう風に感じろ、考えろと押しつけてくるステレオタイプや勝手な判断を避けようとしている。おれのシロシビン体験が、ただ単に薬の影響だとは誰にも言わせない。人にはわからない。経験しないとわからないことだ。何か素晴らしい、すごいものと直接つながったのだ。

［上］茶色のテーブルの上にあるビニール袋と木製のボウルに入った乾燥シロシビン生成キノコ
［下］コガネヌメリタケ（*Mycena leaiana*）

◉神聖な儀式

向精神性の植物や分子は、 人間とともに進化してきた。 私たちは、 鍵と鍵穴のように、 お互いにぴったり合うようにできている。 安全な条件下でこういった物質を摂取すれば、 知覚への扉が開かれ、物質が私たちに教えを授けはじめる。私たちに語りかける。何かを見せてくれる。知らせてくれる。

こうした向精神物質を意図的にかつ神聖な方法で、 すなわち、 儀式の一環として使用するとき、 私たちは個人的な心理学的課題を超え、 あらゆるものがひとつになる幻視的または神秘的な世界に分け入っていく機会を得る。 神性や自然や自己との統一の体験を伴うこれらの超越的な認識は、 私たちを謙虚にさせると同時に私たちの生活を一変させる力をもっている。 これらの薬品が自然環境の中で摂取されるとき、 体験はしばしばいっそう強力なものとなる。 まるで植物や動物、 石、 川、 山の世界が、 私たちに明確に教えてくれるようだ。 私たちが、 私たちの心の奥深くに働きかける生命の網の一部であり、 人間経験の核にある真の結びつきの一部であるということを。

——アデル・ゲティ

心理学者、作家、儀式執行人。リミナ財団理事。認知過程の自由と意識拡張の権利を支持する。
向精神物質が変化の核となる力をもっていると信じている。

さまざまな野生キノコ

さまざまなフラクタル

[上] アカカゴタケ属の一種（*Clathrus archeri*）
[下] ツマミタケ属の一種（*Lysurus periphragmoides*）（提供:テイラー・ロックウッド）

[次ページ上] アカイカタケ（*Aseroe rubra*）（提供：テイラー・ロックウッド）
[中] エリマキツチグリ（*Geastrum triplex*）
[下] ハナビタケ属の一種（*Deflexula*）（提供：テイラー・ロックウッド）

[上] アカカゴタケ（*Clathrus rub*
[中] アカカゴタケ（*Clathrus rub*
[下] ニオイハリタケ属の一種
（*Hydnellum peckii*）
（提供：テイラー・ロックウッド）

第21章

よき死

スティーブン・ロス

ニューヨーク大学ランゴーン医療センター（*NYULMC*）
精神医学・児童青年精神医学准教授兼
同センター嗜癖障害・実験治療研究所所長。

私は、幻覚剤を臨床の現場にふたたび戻すための、そして人生の最期を迎えるという非常に困難な経験をしている人たちに適用するための過程と手順を見つけ出そうという気になった。

多くの人にとって、自分の死と向き合うことは心をひどく乱し、不安と絶望に満ちた苦痛の体験になりうる。だが、シロシビンを用いた終末期研究が示すように、至高体験によってすべてが変わる可能性もある。

医学部の学生だったころ、死や死ぬことについて、または「よき死」の概念について講義を受けたことは一度もなかった。私たちはむしろ重病患者の痛みや苦しみを和らげる、あるいは少なくともコントロールする手助けをする訓練は受けるが、患者たちの終末期の苦痛やそれに伴って生じる可能性がある精神的な問題に対処するのを支援するパラダイムはない。アメリカ人の約7割は、私が「悪しき死」と呼んでいる、病院や集中治療室（ICU）での死を迎える。この国では、人間の死との直面は医療に任されているが、医者はそのための訓練を十分に受けていないのだ。

2006年に同僚が、アマゾン流域で何世紀にもわたって神聖な儀式に用いられてきた植物由来の霊薬アヤワスカの話をしはじめた。私は薬物や依存症の専門家なので、この手のことは一通り何でも耳にしていると思っていたが、これは初耳だった。同じ年に連邦最高裁判所が、ブラジルを起源とするキリスト教系心霊主義団体ウニオン・ド・ヴェジタル（UDV）が祭祀でアヤワスカを合法的に使用することを認めた。アメリカ先住民教会（NAC）の宗教儀式で用いられるペヨーテと同じような扱いだ[1]。そこで私は、アメリカでは宗教的な目的での幻覚剤の使用は信教の自由の名の下で保障されているのに、それ以外の使用は非合法であるとは、なんと興味深いことかと思った。

シビレタケ属の一種（*Psilocybe semilanceata*）

しかし、何よりも興味を惹かれたのは、精神医学の分野ではすでに、これらの物質の治療目的での使用について研究が行われていたことだった。たとえば、1960 年にはスタニスラフ・グロフがチェコスロバキアのプラハの精神医学研究所で行っていた心理療法の患者たちに、*LSD* を用いはじめた[2]。彼はまた、そのときの研究やそれに続く研究について『*LSD* 心理療法　幻覚剤の潜在的治癒力（*LSD Psychotherapy: The Healing Potential of Psychedelic Medicine*）』という本を執筆した。そこで、私は、幻覚剤を臨床の現場にふたたび戻すため、そして人生の最期を迎えるという非常に困難な経験をしている人たちに適用するための過程と手順を見つけ出そうという気になった。

持続する成果

ここベルビュー病院とニューヨーク大学ランゴーン医療センターには、こうした「悪しき死」を迎える患者はたくさんいたので、初回試験を設計する際に私が目的としたのは、スピリチュアルな介入によって、できるだけ患者の人生の最期を改善し、「よき死」を迎えられるように手助けすることだった。試験には29人の被験者が参加した。全員が極度の感情的苦痛か精神的苦痛あるいはその両方を経験していた。生活の質（*QoL*）に支障がでていて、精神的幸福度が下がり、精神的・宗教的な支えの源から断絶してしまっていた。絶望と死に対する恐怖が横行していた。患者のほとんどが22歳から75歳の女性で、病気（進行した乳がんまたは消化管がんまたは血液がん）と診断されるまでの人生はうまくいっていた。被験者の一人ひとりにカウンセリングを行った。

試験はシロシビンまたはプラセボを単回投与して比較したものだったが、たいへん有望な結果を示した。1回の処置で、不安感、抑うつ、死に対する態度が劇的に改善し、これは被験者の8割で8か月間のモニター期間の終わりまで持続した。そのほかにも、より積極的になった、エネルギーが増した、家族との関係が改善した、仕事で成功したといった改善点も報告された。また、スピリチュアルな気分、安らぎ、利他的な感情が持続したという報告もあった。プロジェクトの開始から発表まで、全体で10年かかった[3]。

神秘的治療

私たちは、神秘体験の強烈さと臨床的改善のあいだに高い相関関係があるということを統計学的に示すことができた。そこで、その背景にある基本的なメカニズムを理解しようとしている。神秘体験のどういった具体的要素が、がんに関連した不安感や抑うつを軽減するのか。こうした治療的効果の背景にはどういった現象学があるのか。

人はみな、いつまでも生きられる、死とは「遠く向こうのほう」にあるものだという幻想を抱いている。がんの宣告を受けると、この幻想が崩壊し、「大変だ、私は死ぬんだ。私の人生っていったいなんだ?」という反応が生まれる。このように精神世界に亀裂が入るのは、精神的欠乏感の影響がしばしば問題になる依存症で見られるものと類似している。そのため私は、死ぬことや死そのものに対してトラウマを経験している人々には、違うものの見方に対して人の心を開かせる力をもちうるシロシビンとの相性がよいのではと考えた。しかし、具体的な変化のメカニズムは何だろうか。

人が死に直面すると、有限で抑制された意識としての自我と、まったく異質の、別種の意識とのあいだに不調和を感じる。シロシビンの体験は自我を、そして自己と他との境界線を溶解する傾向がある。それにより、人は深遠な一体感、自分の意識がより大きな何かの一部であるという感覚を覚える。私たちが行ったがん患者を対象とした試験では、患者たちは死を恐れなくなり、意識を連続したもの、もっと大きな真実の一部と見なすようになった、と報告した。したがって、末期がん患者が苦痛を乗りこえる手助けとなる鍵は、神秘状態のこの一体

儀式のためにたき火のまわりに集まる

感の体験にあるのかもしれない。

もうひとつの可能性として、このような状態で人は深遠で直感的な洞察を得て、「そうか、世の中は本当はそうなっているのか」とか、「やっと理解した」などと強く感じるようになるということだ。深い個人的な真実の啓示を受ける。さまざまな理由から、シロシビンによって人は神聖で有意義で本質的なものに触れ、強力な治療効果をもつ真の愛を体験する。

幻覚剤療法（サイケデリックセラピー）という成長産業

最近、薬物使用と自殺関連行動の関係を調べる集団ベースの研究が数千人を対象に実施された[4]。その結果、アルコール、タバコ、コカイン等、すべての乱用薬物が自殺念慮や自殺関連行動の増加と関係していることがわかった。例外はシロシビン、MDMA、その他のセロトニン作動性幻覚剤だった。これらの薬物は、むしろ自殺念慮や自殺関連行動の減少と関連づけられた。ということは、私はこうした薬物を誰もが服用すべきだと考えているだろうか。

幻覚剤を広く入手できるようにする際には、細心の注意が必要だ。私たちは1960年代に失敗している。動きが早すぎて、やり方も正しくなく、不必要な害をもたらした。しかし、死にまつわる不安は何もがん患者特有の問題ではない。重い病気を患っている人なら誰でも同じような状態に陥る可能性はあるし、もちろん、病気にならなくても死にまつわる実存的苦悩を抱くことだってある。フロイトは、人間にとっての中核的な恐怖は死に対する恐怖だと考えていた。だから、そうした恐怖に対処するために、また人のスピリチュアルな成長のために、これらの物質を広く一般の人々にも適用することは可能ではあるが、それは注意深く行う必要があるし、何らかの選考過程は必要で、特定の臨床の現場で行わなければならない。

私は、メンタルヘルス分野で新しい産業が発達すると見込んでいる。サイケデリックセラピストの養成である。幻覚剤研究は、炎が消えないように努力してきた一握りの人たちのおかげで復活し、有効であることが証明された。いまでは、厳密な研究から生まれた、無視できない実データがある。ジョンズ・ホプキンス大学、ニューヨーク大学、カリフォルニア大学ロサンゼルス校（UCLA）、ニューメキシコ大学、アラバマ大学、イェール大学、カリフォルニア大学サンフランシスコ校（UCSF）、アリゾナ大学、ウィスコンシン大学を含む一流の学術機関や医療機関が研究をさらに進めている。対象となっている化合物は、きわめて有益となる可能性を秘めており、それがいかにして、なぜそうなのか、私たちはようやく真に理解しかけているところだ。そして、そういった動きが学術界の主流で起きているため、もはや後戻りすることはありえない。

ノウタケ（*Calvatia craniiformis*）

◉シロシビン研究——復活した臨床研究

2004年から2008年にかけて、ハーバーUCLAメディカルセンターの同僚たちと私は、ほぼ40年ぶりとなる、進行がんに関連した不安症に対する幻覚剤治療（サイケデリックセラピー）の試験を行った。[1] この手の研究があまりにも長い間中断されていたため、私たちにはその実現可能性を示し、こうした研究が単に可能であるというだけではなく有望なものであることも証明する責任があった。さもないと、将来の研究が危機に陥るからだ。幸いなことに、私たちは必要な認可や資金をすべて得ることができ、試験を実施し、データを収集および分析し、学術誌に発表することができた。また、非常に重要なことだが、厳格な安全性評価基準を設定し、被験者のうち治療に対して生理的にも心理的にも有害な反応を示した者はひとりもいなかった。

試験自体は、終末期と診断され重度な不安を抱える12人の患者に対するシロシビンの影響を調べる二重盲検法の先行試験として行われた。結果はきわめて期待できるものだった。不安感については、統計的に有意な減少が何か月も継続して見られ、また、治療と気分の改善に有意な相関関係があり、それが治療セッションから何か月も続くことが示された。また、残された時間の中で、患者たちの心理状態を含む、メンタルヘルスや情緒的健康（エモーショナルヘルス）のほかの健康の尺度の改善、士気低下の軽減、生活の質（QoL）の改善も見られた。要は、私たちが試験に設定した目標はすべて達成され、それは1950年代や60年代にさかのぼるこの分野の研究における先駆者たちの成果を再現したものとなった。[2]

——チャールズ・グロブ

精神医学、生物行動科学、小児医学教授。
ハーバーUCLAメディカルセンター児童青年精神科部長。

野生のミナミシビレタケ
（*Psilocybe cubensis*）

シビレタケ属の一種（*Psilocybe cyclonic*）

【注】

1. ウニオン・ド・ヴェジタル（UDV）公式サイト http://udvusa.org/.

2. Alexander Zaitchik, "How Stanislav Grof Helped Launch the Dawn of a New Psychedelic Research Era," AlterNet.org, April 9, 2010.

3. Stephen Ross et al., "Rapid and Sustained Symptom Reduction Following Psilocybin Treatment for Anxiety and Depression in Patients with Life-Threatening Cancer: A Randomized Controlled Trial," *Journal of Psychopharmacology* 30, no. 12 (2016): 1165-80; "Single Dose of Hallucinogenic Drug Psilocybin Relieves Anxiety and Depression in Patients with Advanced Cancer," press release, NYU Langone Medical Center, December 2016.

4. "Suicidal Thoughts and Behavior among Adults: Results from the 2014 National Survey on Drug Use and Health," Substance Abuse and Mental Health Services Administration, September 2015.

【コラム注】

1. C. S. Grob et al., "Pilot Study of Psilocybin Treatment for Anxiety in Patients with Advanced-Stage Cancer," *Arch Gen Psychiatry* 68, no. 1 (January 2011): 71-8.

2. C. S. Grob, "Commentary on Harbor UCLA Psilocybin Study," *MAPS Bulletin* 20, no. 1.

第22章

自己性の神秘

フランツ・フォーレンヴァイダー

チューリッヒ大学医学部の精神医学研究所副所長および
神経精神薬理学・脳撮像研究ユニット長兼精神医学教授。
また、彼自身が1998年に創設したヘフター研究所チューリッヒ支部理事。

神秘体験は「現実」なのか。それともそれは物理的過程の結果なのか。体験しているのは誰、あるいは何なのか。私たちを人間たらしめているものを理解しようという探求には、永続的な哲学的重要性があり、幻覚剤の研究がその道を拓(ひら)いている。

いわゆる「変性意識」をもたらすさまざまな薬物や誘発剤を横断する共通の特徴はあるのだろうか。それは脳に、あるいは環境に、文化によるのだろうか。それとも、特定の薬物と相関関係のある固有の現象が存在するのか。ここ20年ほど、私と同僚たちは、脳波測定からPET（ポジトロン断層法）検査やfMRI（磁気共鳴機能画像法）にいたるまで、いくつかの異なるアプローチを採用し、変性意識の脳神経学的な基礎を理解しようと試みてきた。これまで、ほとんどの体験に共通するさまざまんか特徴が、特定の脳活動パターンと関係があるということがわかっている。

神秘的な体験について考える際に科学的な見地から問題になるのが、それらの体験が現実の体験なのか、それともいくつかの物理的特性や環境特性が重なり合って生じたものなのかだ。たとえば、文化はどういった役割を果たしているのか。言語能力は必要なのか。遺伝や特定の環境の影響はどうなのか。個人的なかかわりや生い立ちが基となって構成された体験なのか、より普遍的に共有される特性をもつ内的な体験なのか。さらに深く掘り下げれば、こうした薬物の力を用いることで特定の意識状態を引き起こすことができるのか。こうした疑問への答えを少しでも見つけ出そうと、私たちはシロシビンがどのような神経伝達物質受容体に作用するのかをより詳しく調べた。

シロシビンは、気分の調整などにかかわるセロトニン受容体系に密接に関与する。[1]私たちは数年をかけて、大半が健康な状

アカヤマタケ（*Hygrocybe conica*）

態の被験者約800人にさまざまな用量のシロシビンを投与し、その結果、シロシビンによって「感情バイアス」が変化することを示した。これはうつ病の治療で非常に重要なことだ。患者にいわゆる「ネガティブバイアス」が生じると、内部思考がネガティブな考えを繰り返す悪循環に陥る。私たちは、シロシビンがこの悪循環を断ちきり、感情のパターンをネガティブなものからポジティブなものへと転換できることを示した。これは、従来の抗うつ薬が不要になるほどの抗うつ効果が期待できることを示唆している。[2]

私たちの研究で「バッドトリップ」が起きた症例はひとつもない。約12人にひとりは、ほかの患者に比べて困難な目にあうが、そういったネガティブな要素を乗りこえていけるよう、私たちが常に付き添い、手助けしている。最終的にはそういう困難な側面も、私たちが翌日に患者と行う事後セッションで、学習と成長のプロセスに取り入れられていく。

直近の試験では参加者の大半が、最長1年経ったあとでも、人間関係が依然としてよい方向に向かっている、そして変性意識についてより深い理解をもつようになったと報告している。約4割は、友人に対してより心を開き、コミュニケーションをもっとうまくとれるようになった、そして自然や芸術に対する感受性が増したと答えている。具体的な描写としては、自然とより「一体感」を感じるようになった、もっとのんびりとした生き方をしてその瞬間に起きていることをより意識できるようになった、マインドフルネスの感覚が徐々につかめるようになった、他者への共感が増した、などである。[3]これだけの変化が、たった一度の体験で起こりうるというのは、すごいことである。

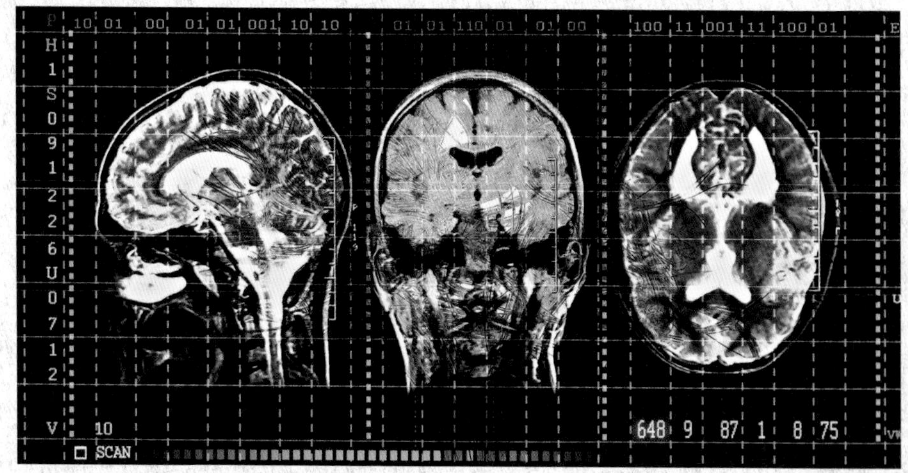

脳の左側、上部、前部を写したMRI画像

私たちはまた、自意識の形成に脳がどのように関与しているかについても注目してきた。シロシビンが自他の境界を緩和することから、「私たちはいかにして私たちの世界を構築しているのか」あるいは「私たちは、私たちの内外両面に関与する自己をどのようにしてつくり出しているのか」といった問題が提起される。これは、統合失調症のような自己の動揺を伴う障害の患者の治療を行う際に、考慮すべき特に重要なことだ。私たちのシロシビン研究は、脳や心理学の理解を深めるための、そして特定の薬物や抗精神病薬がどのように機能するかについて新しい考えを試すための道具を与えてくれている。これらの物質は、厳密な実験環境で比較的研究しやすく、自己性という神秘的なプロセスの探求を進めるうえできわめて大きな力となる。それは、体験の哲学的側面にますますつながっていく。

このようにして、今後の幻覚剤研究は、さまざまな気分障害や不安障害の治療にシロシビンが役立つ可能性を引き続き追求するのに加え、体験そのものが現実なのかそれとも脳が現実をつくり出す現象なのか、あるいは自己を形づくるのは何であるのか、そしてそれは私たちが自我と呼んでいるものとどう違うのかといった複雑な問題も検討していくことになるだろう[4]。こうした研究によって私たちの探求は、人間のアイデンティティや存在にかかわる問題などといったはるかに深いところまで進められるかもしれない。

【注】

1. Rainer Kraehenmann et al., "The Mixed Serotonin Receptor Agonist Psilocybin Reduces Threat-Induced Modulation of Amygdala Connectivity," *NeuroImage: Clinical* 11 (2016): 53-60.
2. Ana Sandoiu, "Magic Mushrooms: Treating Depression without Dulling Emotions," *Medical New Today* online, January 16, 2018.
3. F. X. Vollenweider et al., "Effect of Psilocybin on Empathy and Moral Decision-Making," *International Journal of Neuropsychopharmacology* 20, no. 9 (September 1, 2017): 747-57, https://doi.org/10.1093/ijnp/pyx047.
4. Ananya Mahapatra and Rishi Gupta, "Role of Psilocybin in the Treatment of Depression," *Therapeutic Advances in Psychopharmacology* 7 (2017): 54-6.

◉マイクロドージング──有効かプラセボか

アップル社の設立者スティーヴ・ジョブズが、シロシビンを含む幻覚剤を創造力を高める手段として使用し、「LSD 体験は人生で実行したとりわけ重要な事柄のうちのひとつ」と語ったことは周知の事実だ。現在、極微量の向精神性物質を使用することは、合法的な仕事効率化の手段となっている。シリコンバレーに限った話ではない。先駆的な心理学者ジェームズ・ファディマンは、「能力向上のための幻覚剤（パフォーマンス・サイケデリックス）」という言葉を使い、「サイコビタミン」、「バイオハッキング」などとも呼ばれる。しかし、本当に効果があるのだろうか。

『心を変える』（2017 年）の著者ドン・ラティンによるとマイクロドージングが流行の先端を行っている。キノコを使う人もいれば、LSD、メスカリン（サボテンのペヨーテ由来）を使う人もいる。要は、通常の用量の 10 分の 1 を服用するわけで、効果はサブリミナルなものだとされている。少しでもハイな気分になったら、量が多すぎる。マイクロドージングが認知機能や創造力を高めるという事例証拠はたっぷりあるが、信頼のおける研究がなされていない[1]。今日はたまたま物事が何でもすごくうまく行く日だ、という理由づけで済まされることがいかに多いことか」

ジョンズ・ホプキンス大学の臨床心理士のウィリアム・リチャーズも同じ考えだ。「私の直感では、精神的に安定した人が短期間行うのは有益かもしれないが、ほかの人にとっては有害かもしれない。中用量から高用量の場合、有益な体験を得るうえで、被験者の精神的健康状態や人間関係の質といった薬物以外の要素がきわめて重要であることがわかっている。同じことが閾値以下の用量にあてはまらない理由はないと私は思っている。さらにはプラセボ効果、暗示の力がある。また、創造性をどうやって測定するのか。これらは複雑な問題で、適切に設計された二重盲検試験で検討すべきである」

少なくとも LSD については、こうした疑問に対する答えが近いうちに見つかるもしれない。イギリスのベックリー財団は、アメリカやオランダ、ブラジル、イギリスの一流科学者や大学と協力して、さまざまな用量の LSD の治療における有効性を調べる研究プログラムを開発している。同財団の創始者で治験責任医師のアマンダ・フィールディングは、用量反応試験に取り組むことで「私たちは、さまざまの病気や治療法に対し、どの用量が最適な結果をもたらすか判断できるようになっていく」と信じている。

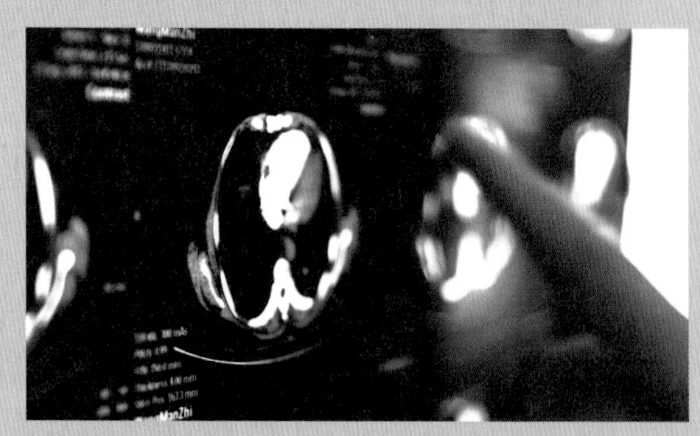

医者が脳の X 線画像を分析する

【コラム注】

1 Ayelet Waldman, *A Really Good Day: How Microdosing Made a Mega Difference in My Mood, My Marriage, and My Life* (New York: Knopf, 2017).

[上左］シビレタケ属の一種（*Psilocybe azurescens*）、［上右］ベニテングタケ（*Amanita muscaria*）
［下左］ベニテングタケ、［下右］シビレタケ属の一種（*Psilocybe azurescens*）

第 23 章

類人猿と人類

デニス・マッケナ

ミネソタ大学スピリチュアリティ・アンド・ヒーリング・センターの
薬理学者兼教員。1993 年設立当初からヘフター研究所にかかわっている。

未同定のキノコ

人間の脳は、比較的短い進化の期間で大きさが 3 倍になった。そこには、古代の向精神性キノコが引き起こした「変性意識」が関与しているのかもしれない。

亡き兄のテレンスと私が初めてシロシビン生成キノコに出逢ったのは、1971 年に南米を訪れたときだった。胞子を持ち帰り、栽培法を学び、2 年後には『シロシビン　マジックマッシュルーム栽培ガイドブック（*Psilocybin: Magic Mushroom Growers Guide*）』を刊行した。私たちは、自分たちが体験したことを他人も体験して、私たちが重大な発見をしたかもしれないということを認めてほしかった。実際、そのとおりになった。本は相当な影響力をもつことになった。にもかかわらず、シロシビンの登場は、*LSD* の場合に比べて、大騒ぎや興奮がはるかに少なかった。後者はまるで爆弾のように社会に投下されたけれど、キノコは静かに登場した。それがキノコのやり方だ。*LSD* にまつわる馬鹿騒ぎのあとに登場するにはぴったりな幻覚剤だった。無毒で、危険性もずっと低く、適切な用量さえ守ればほとんどの人が愉快な体験をする。この手の物質がどのように作用するのかといった知識を社会に広めるには、比較的穏やかな手段と思われた。だが、軽く見ているわけではない。私はキノコに対して大いなる敬意を抱いている。キノコは「嗜好用」であり、危険性はないと決め込む人もいる。これは大きな間違いだ。キノコは変性意識状態をもたらす本格的かつ強力な促進剤なのだ。

ストーンド・エイプ仮説

ストーンド・エイプ仮説について語るのは難しい。何層にも重なる複雑さがあるからだ。それに、不当な評価も受けている。というのは、この仮説が一般には、初期人類がキノコを食べて突然知性を獲得して言葉を話しはじめたという風に解釈されてしまっているからだ。そんな単純な話ではない。だが、人類も、生物圏に生息するほとんどの生物も、無数の分子や微生物によって構成される化学的環境の中で進化を遂げることは明らかで、そうした分子や微生物の一部が神経に作用を及ぼすことがあると私は考えている。

初期人類は腐肉食（スカベンジャー）だったので、キノコは見つけやすかっただろう。あらゆる草食動物の糞が向精神性キノコの菌床になりえるからだ。見つけたらかがんで、採取して、食べるだけだ。もし採取したのが、わりと一般的な種であるミナミシビレタケ（*Psilocybe cubensis*）だったなら、それを食べた者は強烈な体験をしたに違いない。神聖なものについての概念や自然との関係が、人間に本来備わる世界観に組み込まれていることを考えると、そのような体験が初期人類に与えた影響は相当なものだったに違いない。彼らにとっての神の観念がいかに原始的なものであったとしてもだ。

キノコやほかの幻覚剤が一貫して引き起こす現象として共感覚（シナスタジア）がある。ひとつの感覚が異なる種類の感覚と混同して知覚される、たとえば、「色に音が聞こえる」とか「音楽が見える」という状況だ。これが重要なのは、音や色彩は本質的には無意味であるが、組み合わせることで象徴を生み出すからだ。幻覚剤が、音や視覚を意味ある

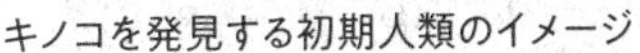

キノコを発見する初期人類のイメージ

象徴の複合体に結びつけるきっかけとなったのだ。もうひとつ、シロシビンの、あるいはすべての幻覚体験の特徴として挙げられるのが、ありふれた事物にさえ重大な意味があるという体験だ。幻覚剤によって、人は普通には見えないものが見えるようになる。背景にあったものが、前面に出てくる。

初期人類も、そのような体験をしたのかもしれない。数百万年の期間を経て人間の脳は、最初期の人類の約500立方センチメートルから現生人類の1500立方センチメートルへと容量が3倍になった[1]。これは進化の期間としては非常に短い時間だ。きっかけは何だったのか。これについてはもちろん論証することも反証することも不可能なので、私たちは自由に考えをめぐらせることができるが、私はシロシビンが認知機能を獲得する手段となったと考えている。要は、神経系のハードウェアが思考し、認知機能をもち、言語を獲得するようにプログラミングするソフトの役割を果たしたのであり、言語とは要は人が発した本来無意味な音声を複雑な意味と関連づける共感覚（シナスタジア）なのだ。

繰り返しになるが、初期人類がシロシビン生成キノコを食べたことで脳が突然変異を遂げたというような単純な話ではない。だが、私はシロシビンが、エピジェネティックなレベルでひとつの要素として、この神経系のハードウェアの進化に影響を与えたと考えている。神経解剖学者によると、脳の領域のかなり大きな割合が言語の生成と理解に当てられているという。原始における私たちの祖先にはそのような神経構造は

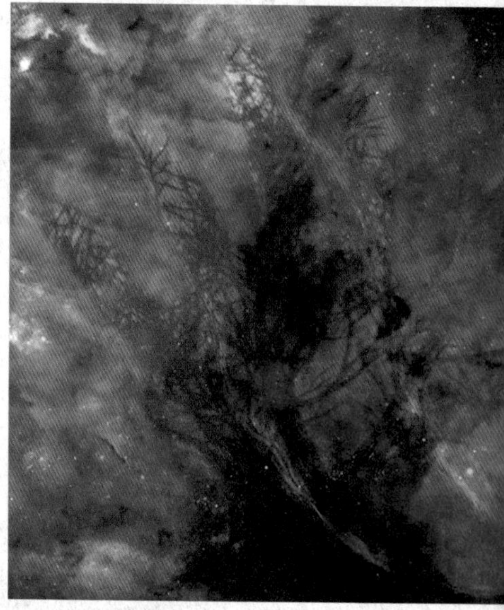

サイケデリック体験のイメージ

存在しない。これは現生人類の特性で、かなり最近の進化の歩みを反映したものだ。キノコ、すなわちシロシビンが、その過程に触媒のような影響を及ぼした可能性があると私は信じている。

【注】

1. Andrew Du et al., "Pattern and Process in Hominin Brain Size Evolution Are Scale-Dependent," Proceedings of the Royal Society, no. 1873 (February 28, 2018), 285, https:// doi.org/10.1098/rspb.2017.2738.

別の視点
反ストーンド・エイプ仮説

私はいわゆる「ストーンド・エイプ仮説」を信じないし、これまでも信じたことがない。幻覚剤がもたらす知覚異常や感覚の混乱は、進化のまっただ中にある種にとっては、捕食者に食べられる可能性が高まったり、突然死したりする危険性が増すなど命取りとなるだろう。私は、人間は最低レベルの文化や安全性を確保し、そのような体験を安心して味わう時空間を手に入れるまで、待たざるをえなかったのではないかと思っている。

人間は薬物など使用しなくても、聖なるものの神秘や驚異を体験し、理解することができる。夜空を見上げたり、誕生や死の瞬間に立ち会ったりすれば、私たちを取り巻く神秘と真っ正面から向き合うことになる。人間の脳が巨大化したのには、歴史を通じてさまざまな理由があったと思う。霊長類が誕生する以前でも動物の脳は催幻覚性物質に頼ることなく発展し成長していたのだから。

——アンドルー・ワイル

ソライロタケの仲間

ワカクサタケ（*Gliophorus psittacinus*）

ベリーの木に生えるシロホウライタケ属（*Marasmiellus*）の一種

未同定種のキノコ

第24章

さまざまな宗教的伝統における神秘体験

アンソニー・ボッシス

ロバート・ジェシー

ウィリアム・リチャーズ

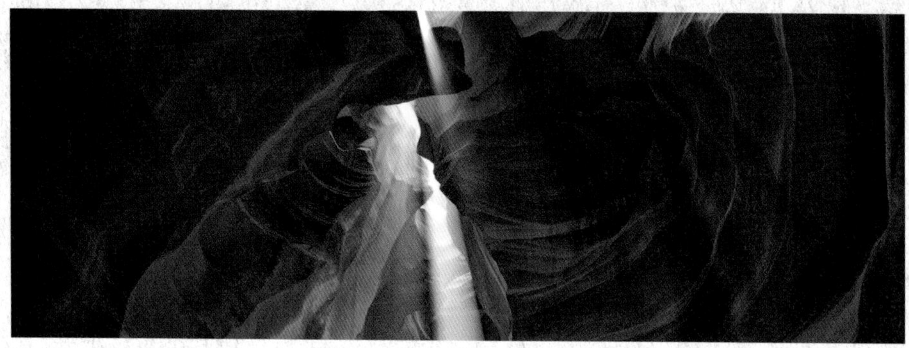

神秘体験は、さまざまな宗教的伝統で一貫しているのだろうか。そして、そのような体験は、修行経験や出身背景を問わず聖職者として任命を受けている実践家たちの仕事にどのような影響を及ぼすのだろうか。

宗教指導者が神秘的な体験をどのように解釈するのか、そしてそういった体験が彼らの聖職者としての仕事に役立ちうるのかについて理解を深めようと、ジョンズ・ホプキンス大学とニューヨーク大学の研究者がスピリチュアル実践協議会（CSP）の支援の下、宗教指導者へのシロシビンの影響を調べるフェーズ1試験に取り組んでいる。

これらのふたつの試験実施機関は、幅広い信仰の伝統から24名の指導者を集め、念入りなスクリーニングと準備を行ったうえで、その一人ひとりにシロシビンを2度の個別のセッションで投与する。それぞれのセッションは、くつろげる居間のような空間で、訓練を受けたスタッフが付き添うなか、まる1日をかけて行われる。

研究者たちの仮説では、これらの宗教指導者たちは、その関心のあり方や経てきた修行や訓練、取り組んでいる実践などから、神秘的な体験、そしてそのような体験が体験者に与える影響の科学的な理解に寄与する独自の洞察をもたらすとされている。

試験の首席治験責任医師はジョンズ・ホプキンス大学医学部精神医学講座および神経科学講座教授のローランド・グリフィスが務める。ニューヨーク大学のシニア・ガイドは臨床心理学者のアンソニー・ボッシス、ジョンズ・ホプキンス大学では臨床心理士ウィリアム・リチャーズだ。ニューヨーク大学の施設首席治験医師は精神医学・児童青年精神医学准教授のスティーブン・ロスで、治験依頼者はスピリチュアル実践協議会（CSP）の設立者ロバート・ジェシーである。

「人間が、世界の主要宗教の中核をなす、信じがたいような、意味づけに満ちた超越的体験をするようにできているらしいという事実に私は衝撃を受けている。シロシビンは、精神状態や環境設定に注意しつつ、適切な用量を適確なやり方で投与すれば、そのような神秘体験を確実に促すことがわかっている。組織化された宗教が、そうした神秘的な中核から離れすぎてしまったと言う人は多い。そこで同僚たちと私は大胆なことを思いついた。すなわち、キリスト教や仏教、ユダヤ教、ヒンズー教、その他の伝統で聖職者として任命を受けて実践に携わるさまざまな宗教指導者に、この重要な扉を通ってみてもらったらどうだろう？彼らの大半は、こういった問題の探求にキャリアの大半を費やしてきた。全員に共通の体験はあるだろうか。あるとしたら、それは何なのか。ないとしたら、それぞれの体験はどのように異なっているのか。私たちは、人間のスピリチュアリティの起源について、何を発見できるだろうか」――アンソニー・ボッシス

「この試験を考案するにあたり、私たちは、宗教指導者が実際にスピリチュアルな体験をしたら有益なのではないかと考えた。そのような私的な啓示については、宗派や宗教の境を超えて長い歴史が存在する。モーセの燃える柴、イザヤの神殿での幻視、ダマスコに向かう途中にパウロが見た幻を想像してみよう。また、アビラのテレサやマイスター・エックハルト、ヒルデガルト・フォン・ビンゲン、プロティノス、ルーミーなど、さまざまな時代を通じて多くの神秘主義者がなんらかの超越的エネルギー、自分をはるかに超えた大きな力に直接触れる体験をしており、甚大な影響を受けている。たとえば、牧師が日曜日の朝に説教するとき、いっそうの確信をもって信徒たちに語りかけられるようになるとか、死に直面した人を慰める神父の仕事にさらに深みが増すとか、そのようなことがあるかもしれない。スピリチュアルな指導者たちは、さまざまな観点から、自らが所属する宗教的伝統の豊かさをそれまで以上に理解するとともに、ほかの人々の精神的な歩みに対していっそう寛容になるかもしれない」――ウィリアム・リチャーズ

「シロシビンは、注意をもって使用すれば、神秘的な体験の本質と影響を前向きに調査するのに非常に適した手段であることが明らかになりつつある。近年、この分野の研究者たちは大きな前進を遂げている。ますます堅牢な科学的研究結果が発表されていくにつれて、こうした療法が――それが精神医学に役立つことが明確で、適切

な形で安全性が保障されていて、十分な支援も受けている場合には――健康な人をより幸福にするために使用されることを、文化は受け入れるようになるだろう」――ロバート・ジェシー

［上］ヤコウタケ（*Mycena chlorophos*）
［下］さまざまな成熟段階の紫色のキノコ、未同定種

イヌセンボンタケ（*Coprinellus disseminatus*）

◉スピリチュアル実践協議会（CSP）

スピリチュアル実践協議会（CSP）の使命は、「宗教的な体験」を引き出す安全かつ効果的な手法を特定し開発することで、個人やスピリチュアルな共同体が「聖なるものの直接知覚によって生じる眼識や恩寵や喜びを日々の生活に取り入れられるよう」手助けすることにある。CSP 自体は教義や典礼をもたず、特定のスピリチュアルまたは宗教的な伝統ともかかわりをもたない。1993 年に元テクノロジー企業役員で現在は幻覚剤の治験責任医師のロバート・ジェシーが設立した。

◉ヘフター研究所

ヘフター研究所は、1993 年にニューメキシコ州で非営利の科学団体として設立された。同センターは発足以来、アメリカやヨーロッパの一流研究機関によるシロシビン試験の設計、審査、資金調達を支援してきた。こうした研究は主として、がんに関連する苦痛や依存症の治療への、そして脳活動や認識や行動に関する基礎研究へのシロシビンの応用に重点を置いてきた。同センターは、幻覚剤には大きな、未開発の可能性があり、医療における最適な使用を見つけ出すには独立した資金による科学研究が必要だと信じている。

【次ページコラム注】

1. Milan Scheidegger et al., “Psilocybin Enhances Mindfulness-Related Capabilities in a Meditation Retreat Setting: A Double-Blind Placebo-Controlled fMRI Study,” Presentation at Psychedelic Science 2017, http://psychedelicscience.org/conference/interdisciplinarypsilocybin-enhances-mindfulness-related-capabilities-in-a-meditation-retreat-setting-a-double-blind-placebo-controlled-fmri-study.
2. Roland R. Griffiths et al., “Psilocybin-Occasioned Mystical-Type Experience in Combination with Meditation and Other Spiritual Practices Produces Enduring Positive Changes in Psychological Functioning and in Trait Measures of Prosocial Attitudes and Behaviors,” *Journal of Psychopharmacology* 32, no. 1 (January 1, 2018): 49-69.

◉瞑想とシロシビン

幻覚剤は、私の青年時代の成長にとってきわめて重要な役割を果たした。実際、人生を完全に変えてしまった。私は大学を中退し、営んでいた事業をやめ、探求の旅に出かけた。そこで最初はヨーガにはまり、のちに座禅に行き着いた。禅僧になり、30年ほど幻覚剤から離れていて、最近になって、つまり、2015年にシロシビンを用いた試験に参加したことで、再発見した。試験では、長期間にわたって瞑想の経験がある被験者が4日間座禅を行ったあとに、半数がシロシビンを、残りの半数がプラセボを投与された[1]。瞑想経験が特に長い参加者の一部は、体験は興味深いが通常の実践で経験するものと根本的に違うものではないと報告した。一方、瞑想経験が同じくらい長くても、完全に圧倒された者もいた。何が起きているのかはわかっていたが、自分の身体を手放し、忘我の体験を味わった。

私は、伝統的な瞑想の実践と幻覚剤の組み合わせは、意識の積極的な開発を追求するうえで大いに期待がもてるのではないかと考えている。試験が示唆するところでは、瞑想の修行経験がある人のほうが変性意識状態を受け入れやすいようだ。サイケデリックジャーニーに出かける者が、静かに座ってあらゆる事物をただ受け流し、意識を呼吸に向け、心を開いたまま何が生じても受けとめようという態度でいる修行ができているならば、非常に美しい景色を観ることができる可能性がある。試験の参加者のうち何人かは、試験が終わってからもずいぶん長いあいだ、座禅体験が以前とは違ったものになっていると話してくれた。シロシビンの体験が、どういうわけかその体験を刷新し、より鮮やかなものに変えたのだ。

とはいえ、こうした体験は、永続的な変化を保証するものではない。肝心なのは、その体験をどう活用するかだ。これは、スピリチュアルな飛躍が薬物を服用して得たものであっても、1週間静かに座って瞑想することで得たものであっても、あてはまる。課題は、その体験を日常生活にどうやって取り入れるかだ。ひょっとしたら両者を組み合わせることで、体験で得られた知識がしっかりと根づきやすくなるのかもしれない。別の試験では、瞑想の初心者を対象とした修行プログラムに、2回のシロシビン投薬セッションが追加されたが、その結果、両者が強力な仕方で補完し合うことがわかった[2]。

私は、キノコは私たちにとって地球上の兄姉のようなものだと信じている。種としての人類はとても若く、思春期を迎えたばかりで、振る舞いも相応なものだ。しかし、こうした先輩たちに敬意をもって丁寧に接すれば、彼らは私たちに語りかけ、彼らの世界に私たちを招き入れ、指示を与えてくれる。そして、彼らが私たちに何よりも伝えようとしているのは、私たちのこの環境と地球を大切にしろ、ということではないかと思う。

——ヴァニャ・パーマーズ

曹洞宗の還俗僧で故乙川弘文の法嗣。長年の動物権利保護活動家。カトリック教会ベネディクト会の修道士であるデイヴィッド・シュタインドル=ラストと共同で、オーストリアのザルツブルク州にキリスト教徒と仏教徒の宗教間対話の場となる「沈黙の家“プレック”」を設立。また、フェルゼントール財団の設立者でもある。

［上左］祈禱する仏教僧
［上右］未同定種のキノコ
［下］ニカワホウキタケ（*Calocera viscosa*）

第25章

ゲーム・チェンジ

ポール・スタメッツ

私たちは、菌類革命の先端にいる。その影響はパラダイムシフトをもたらし、長期にわたって継続するだろう。

変性意識状態を引き出すというキノコの不思議な性質には、革命的な潜在力が秘められている。地球環境が将来的にも持続可能かどうかは、人間の意識とキノコの知性との融合にかかっているのかもしれない。

私は、シロシビン生成キノコが魂と精神の薬になると信じている。それは、人を滅入らせたり自他を傷つけたりしてきた問題を乗りこえる手助けとなる。この治癒効果と大きく関係しているのが、許すということ、そして前に進むということだ。過去にとらわれたままではいけない。私たちは、しっかりと現在に根を下ろす必要がある。だが、先のことを考えるのをやめてもいけない。もし私たちがよりよい未来を思い浮かべることができるのであれば、それを手に入れることもできる。

シロシビンの効能のひとつに、脳活動の鎮静がある。インペリアル・カレッジ・ロンドン精神薬理学教授のデヴィッド・ナットがかつて述べたように「抗うつ薬では3、4週間かかることが、シロシビンは30秒で可能になる[1]」。シロシビン体験中の脳は、特に活発に活動する領域間を行き来する大量の信号を制御しなければならなくなる代わりに、部分的にパワーを落とし、ほかの領域間の伝達が可能になる。そのため、体験によって生じる変性意識状態は、ある意味で意識の拡大と収縮の両方の結果といえる。一部のノイズの音量を絞り、ほかの信号が聞けるようにする。研究結果が示しているように、その結果生じるのが一体感、そして自然との調和の体験だ。キノコは、それがなければ私たちが決して体験することがないような精神世界や神の概念に触れること

ヒトヨタケの仲間

を可能にしてくれる。通常、これはゲーム・チェンジャーとなる。

末期がんや終末期の苦痛、心的外傷後ストレス障害（PTSD）、強迫性障害（OCD）、その他難病を患う人々にシロシビンが有効であることを示す臨床試験の結果が集積しつつある。これらは厳密な科学的手順に従った二重盲検試験で、統計学的に有意な結果を生んでいる。治療という観点からすると、シロシビンをはじめとする向精神物質は4時間から6時間で、従来の治療法であれば（そもそも効果があるとして）何年もかかる成果を出しているのであって、そんなに何年もかけられない人は確実にいる。しかも、これは氷山の一角にすぎないと私は思う。

個人的な遍歴

昔、メキシコから帰ってきた兄が、マジックマッシュルームや宗教体験について驚くような話を聞かせてくれた。兄は、私がこの話題に関心があることを知っていたが、あまりにも強い興味を示したので少々心配していた。ついに私はオハイオ州で一袋のキノコを買った。

指南役はいなかったし、どれくらいが適量なのかもわからなかったので、なじみのある近所の森の中を歩きながら一袋を全部食べた。あとでわかったことだが、「通常」の用量の10倍を服用したらしい。

暖かい夏の日で、地平線上に黒雲がいくつかあるのが目にとまった。丘の上に大きなナラの木があって、それまでもよくそこで時間を過ごしていた。私はあの木が大好きだった。眺めが素晴らしく、周囲のなだらかな丘やオハイオ州の田舎の田園風景が見渡せた。そこで私は考えた。「あの木のてっぺんまで登ろう。これからやってくる嵐がよく見えるに違いない」

キノコの影響が出はじめていた。興奮の波がどんどん高まって身体を通り抜けていった。私は木のてっぺんまで登り、わきあがる雲が近づくのを見守ったが、このときにはすでにひどく荒れていた。稲妻が落ち出して、そこから無数のフラクタル幾何学図形が発生していくのが見えた。信じられない光景だった。もちろん、私はそれまでそんなものを見たことがなかった。

風が強まり、雨が降りはじめた。稲妻はますます激しくなっていき、私は怖くなった。自分は雷雨のなか、丘の上の木のてっぺんにいる。めまいがして、必死に木にしがみついた。

それまでの私は、ひどい吃音（きつおん）があった。激しくどもらずには一文たりと続けて話すことができなかった。そのため、6年間にわたって言語聴覚療法を受けたが、一向に改善しなかった。そのとき、私は思った。「いま、自分はこの木のてっぺんにいる。何に集中したらよいのか。この体験から自分は何を得られるだろうか。そうだ！　吃音を治したい。自分に必要なのはそれだ」。それまでの私は女性とデートもできず、自信がなく、人前に出るのも苦手だった。そのとき、頭の中で小さな声が聞こえた。「聞こえるかい？　いますぐどもるのをやめろ」。私はそ

[上から] 雷雨、稲妻と木のイメージ、フラクタルの前に稲妻

れを自分で繰り返した。「どもるのをやめよう。どもらない。どもらない」。何百回、何千回と繰り返した。

それから何時間か経ち、嵐がついに過ぎ去ってから私はゆっくり木から下りた。ずぶぬれで、生命と自然とあの木に対する愛にあふれていた。家に戻り、すぐに寝た。

知り合いに魅力的な女性がいて、私は彼女にとても惹かれていたのだけれど、どもってしまって恥ずかしい思いをするのが怖かったので、目を合わせることができなかった。彼女も私に好意をもっていたが、私は関心を向けられてもどう対応したらよいのかわからなかった。接触を避けたほうが楽だった。さて、その朝、彼女が通りすがりに私のほうを見て「おはよう、ポール」と言った。そして、私はそのとき初めて彼女の目をまっすぐ見つめて「おはよう。元気?」と返した。あの瞬間を私は一生忘れないだろう。たった一度のセッションで吃音がなくなったのだ。いまでもたまに出ることはあるけれど、たった一回の6時間のセッションで99%が治ったと言っていい。言語聴覚療法を6年続けても治らなかったのにだ。

キノコの知性

私たちは、菌類革命の先端にいる。その影響はパラダイムシフトをもたらし、長期にわたって継続するだろう。いま、科学者たちのあいだで研究テーマとして人気があるのがエピジェネティクスという概念だ。これによると、遺伝情報の変化によることなく、「発現」の変化によって生物が変化することがあり、そのような発現変化は環境によって生じることもあるという。キノコが壊滅的な被害を受けた環境を浄化する能力をもつのは、そのネットワークのような構造がエピジェネティックな性質をもっているからなのかもしれない。

菌糸体の塊は小さなものであっても、その外縁部に枝分かれする先端部を数兆個

地下の菌糸体ネットワークのイメージ

ももつことがある。これらの分枝が成長し、生態系を形成していくにつれ、新たな資源、すなわち新しい酵素や酸、抗生物質と相互作用し、新しい消化戦略を追求していく。菌糸体はひとつではなく無数の接触点から常に学習し、適応している。こういった過程を通じて、菌糸体は多くの「知識」を蓄え、その経験がネットワークの*DNA*そのものの中に根を下ろしていく。これらの細胞膜は自己学習能力と高度な適応力をもっているため、その潜在的な浄化力の適用範囲はほぼ無限である。

私は、インターネットの発明は、すでに成功が証明済みの進化モデル——すなわち、菌糸体——の必然的結果として生じたと信じている。菌糸体というのはネットワークであり、コンピュータによる情報共有システムもネットワークである。ネットワークに価値があるのは、変化に対する回復力、変化への対応力、そして、変化を経験する能力があるからだ。そしてこれが重要なのは、経験が多ければ多いほど賢明な決定を行うための根拠が広がるからだ。これは人間についていえることだし、菌糸体についてもいえる。そして、人工知能（*AI*）が無数のアルゴリズム処理を「解釈」し、自ら「考える」ように設計された「学習する機械」へと進化を遂げるにつれ、ハードウェアについてもいえるようになってきた。そうした機械は、いまや楽曲や文章が楽しいのか悲しいのかを見分けることができる[2]。作曲したり、人間同士の会話と見分けがつかないような会話

シロホウライタケ属の一種（*Marasmiellus*）

をしたりもしている。[3]

私たちが、将来的には私たちの意識と自然とのあいだにシナプス接合部を形成できるようになると、私は夢想している。そうなれば、私たちは「全体が部分の総和にはるかに勝る」ことを理解するようになるだろう。真にホリスティックな意識とは、地球上のすべての生命体の意識の感覚、ひいては超越的な――人によっては「神」と呼ばれる――存在についての感覚を伴うものだ。最終的には同じ一体なのだが、私たちは生命という完全な体験を、無数のばらばらの断片に細分化してしまっているのだ。

ゲーム・チェンジの時が来た

地球は危機に瀕しているが、私はいまでも美と感謝と許しの力を信じている。他人に対して寛大に振る舞えば、相手からさらに寛大な扱いを受けることが多い。自然に対して寛大に振る舞えば、やはり同じように寛大さを見せてくれる。自然は、私たちの基本的な善良さを奨励するようにできている。

資本主義とスピリチュアリティと環境哲学が融合した新しい流れが確立されつつあ

る。私たちは、追求するに値する道――それがときには非常に困難なものになるとしても――を将来の世代に指し示そうとしなければならない。それができれば、商業的にも成功し、地球環境の持続可能性にも貢献する結果につながる賢明な思考の土台を整えることができる。そして、私たちが必要としている変化の規模を達成するには、このふたつの側面の両方が必要だ。というのは現状では、そこで抵抗に遭うからだ。「物事を変えるのはコストがかかりすぎる。生活の質が落ちる」と人は言う。だが当然ながら、私たちが方向性を変えなければ逆もまた然りだ。何も変えずにいまのまま突き進むなら、私たちはいまの生活の質を維持することはできなくなる。

にもかかわらず、ここに宇宙卵の裂け目、新しい意識の夜明けがあると私は考えている。私たちは、菌類革命の先端にいる。そこで出現しつつある意識の生態学は、分析し、試験し、検証することが可能な現実的対策に根ざしている。人々は、環境問題や社会崩壊、病疫、テロリズム、貧困に関するネガティブなメッセージの心ない攻撃にひっきりなしにさらされてきた。世の中にはとてつもない不安が充満していて、相当気が滅入る条件は揃っている。人々はますます必死になり、何ができるのかを知りたがっている。だからこそ私は希望をもっている。というのは、こうしたさまざまな課題にきわめてすばやく対応できる対策が、文字どおり私たちの「足元に」あるということを、菌界の盟友たちから学んでいるから

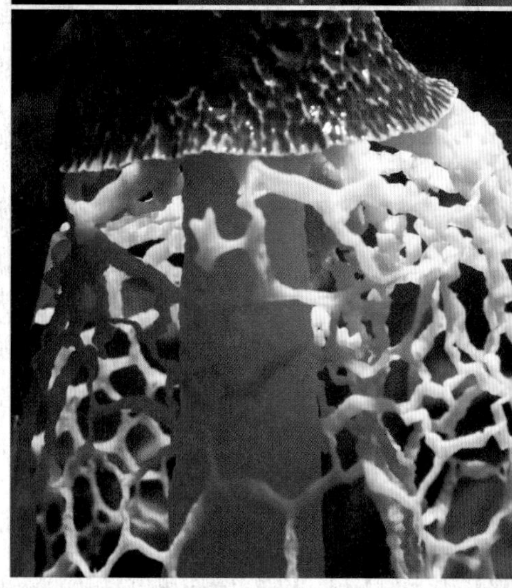

キヌガサタケ（*Phallus indusiatus*）――食用に適した美味なスッポンタケ科のキノコ。ただし、成熟するとひどい悪臭を放つ

だ。

大量絶滅の危機が、私たちのすぐうしろに迫っている。正面から取り組んでいかなければ、私たちは追い越され、飲み込まれ、ゲーム・オーバーとなる。私たちには、生命を可能にする土台そのものを解体することなく、持続可能な方法で未来を形づくっていくだけの先見性、知識、知性があるだろうか。私はあると思っている。私は、最終的には善良さと知恵が——第三の生物界の助けを借りて——勝利すると信じている。

原始時代の菌類優勢の生態系のイメージ

氷河期のイメージ

「幻覚体験をすることが違法な国で、強烈な体験をしたことがある人なら誰でもジレンマに直面する。高貴で深遠なもの、自分が受け取った大切な贈り物が、文化的に多数派理解されないからだ。それに対するひとつの反応として、怒り、抵抗するというのがある。別の方法としては、私たちがこの現象をもっとうまく説明できるようにならないといけないと考えることだ。人々がそれを理解するようになれば、それが受け入れられ、尊重される可能性も開かれていく」
——ロバート・ジェシー、スピリチュアル実践協議会（CSP）設立者

【注】

1. Kevin Loria, “How Psychedelics Like Psilocybin and LSD Actually Change the Way People See the World,” BusinessInsider.com, February 26, 2017.
2. Terence Mills, “Machine Learning vs. Artificial Intelligence: How Are They Different?” Forbes.com, July 11, 2008.
3. Pranav Dar, “Google Is Making Music with Machine Learning and Has Released the Code on GitHub,” AnalyticsVidhya.com, March 14, 2018; Yongdong Wang, “Your Next New Best Friend Might Be a Robot,” Nautilus.us, February 14, 2016.

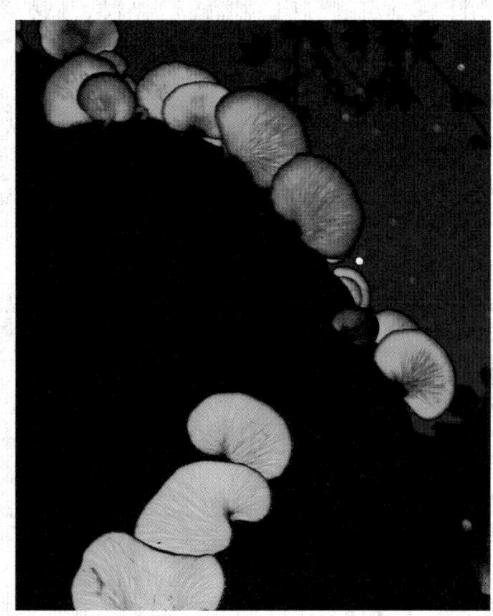

ツキヨタケ属（*Omphalotus*）の一種。生物発光するこのキノコは、ルシフェリンという発光物質をもち、これが酸化すると熱をほとんど伴わない光を発する

［次ページ上左から下右］
ニカワジョウゴタケ（*Phlogiotis helvelloides*）
コチャダイゴケ属の一種（*Nidula*）
スギタケ（*Pholiota squarrosa*）
ホウキタケ属の一種（*Ramaria*）
シャグマアミガサタケ（*Gyromitra esculenta*）
シロスズメノワン（*Humaria hemisphaerica*）
ナガエノチャワンタケ（*Helvella macropus*）
アミキクラゲ（*Auricularia delicata*）
ニカワハリタケ（*Pseudohydnum gelatinosum*）
ヒメムラサキゴムタケ（*Ascocoryne sarcoides*）
サビムラサキホコリ（*Stemonitis axifera*）
カンゾウタケ（*Fistulina hepatica*）
（本ページ写真はすべてテイラー・ロックウッド提供）

何もかもが移りゆく世界
それは良くも悪くもなく、
ただ生命（いのち）をつなぐため
嵐が来て水が押し寄せてきても
炎が大地を焦がし
あるいは闇が覆っても
私たちはここにいて
営みを続ける　ずっとそうだった
ネットワークを広げ　コミュニティを築く
バランスを保ちながら
ひとつひとつ積み上げる
何百万年もかかるでしょう、
いいえ何億年かも
それでも私たちはずっとここにいる

あとがき

ルイ・シュワルツバーグ

30 年以上に及ぶキャリアをもち、受賞歴のあるプロデューサー、監督、撮影監督。
タイムラプス映像、高速度撮影、マクロ撮影で知られるその作品は、
生命を讃え、見えないものを可視化し、自然や人や場所の神秘と知恵を明らかにする物語である。

映画『素晴らしき、きのこの世界』製作の旅のはじまりはほぼ 13 年前、ポール・スタメッツがバイオニアズ（Bioneers）カンファレンスで発表をした最初期の講演を聞いたときだった。そのころ、私はすでに花の官能的な美に心を奪われていて、1日 24 時間、週 7 日間ノンストップでタイムラプス映像を 30 年以上撮りつづけていた。そして、その中にはキノコのタイムラプス映像も含まれていた。ポールの発表を聞いた直後、私は彼にノートパソコンに保存してあったキノコのタイムラプス映像を見せた。その瞬間、菌糸体のネットワークが自ら意図してつながった。菌糸体のネットワークとは、そういうものだ。生命が栄え、私たちが地球と調和した生活を送ることができるよう生き物をつないでいく。

人を驚嘆させ畏怖の念を抱かせる映像を捉えたい、そして、あまりにも動きが遅かったり速かったり、あるいはあまりにも小さかったり大きかったりして肉眼では見えないような対象を捉えたいという情熱こそが、私を映画づくりの道に駆り立てた動機だった。観る人が時間や尺度の通路を通り抜けられるようにするのが好きなのだ。こうした没入型の体験は超越的で、私たちの世界観を広げてくれる。

花の微細な動きの美しさを捉えることに取り憑かれていた私は、しばらくのあいだ、それだけでカメラを休みなく回しておくのに十分な理由になると思っていた。だが、蜂群崩壊症候群、つまり、ミツバチの大量死のことを知り、ミツバチの衰退の話をせずに花の物語を語るわけにはいかないと確信した。ミツバチは花と共進化しており——これは 5000 万年以上も続いてきたロマンスだ——私たちはその関係が崩壊するのを放っておくわけにはいかない。ミツバチがいなくなれば私たちも生き残れない。私たちが健康でいるために必要としている食物のすべて——果物、野菜、ナッツ類、種、ベリー類、一部の穀物——は、花粉媒介植物に由来する。花の進化なしに、恒温動物の進化はありえなかった。花が登場する前の地球は、ほぼ緑色一色の退屈で単調なところだった。地球上を歩き回っていた冷血動物の草食性爬虫類は、生きながらえるために大量の草葉を食べねばならなかった。

そうしたことを踏まえて、私は花粉媒介

についての映画『花粉がつなぐ地球のいのち』をつくった。ディズニーネイチャー製作の長編映画で、ナレーションを担当するメリル・ストリープが、ハチやコウモリやチョウやハチドリを誘惑する花の声を演じている。映画製作のプロセスを通じて、私は授粉というのが何よりも重要な出来事であること、1日に何十億回も起きる、動物界と植物界の神秘的な交差と交流の瞬間であることを学んだ。この出来事がなければ、地球上の生命は根本的に違ったものになっていただろう。

私は人類の大きな問題を探求したり、生命の神秘について掘り下げて考えたりするのが大好きな人間だ。そこで、次のように考えた。太陽のエネルギーを、人間やその他の生物の生存に欠かせない養分に変えることができる唯一の陸上の生物が植物だとすれば、その植物が生存するのに必要なのは何だろうか。それは、土壌だ。

さらに掘り下げてみよう。その土壌はどこからくるのか。石の中にある鉱物を含む有機物を分解して土壌に変えることができるのは何だろうか。その答えに私は驚いた。それはいたるところに、あらゆる大陸に、私たちの足元に、私たちの身体の中にもいるこの地球上で最大の生物、すなわち、菌類だった！　だから、ポールの発表を聞いたとき、私は即時にこの菌類の世界に深く潜り込むことになるだろうと、そして、私たちのほとんどが何も知らないこの生命の基礎となる要素についての映画をつくらねばならないと確信した。

本当に夢のようなすてきな旅だった。キノコがいかにして私たちに栄養を与え、私たちを治癒し、環境汚染――大気の汚染も含む――を浄化し、私たちの意識を変容させることができるかを学ぶことで、私の人生が変わった。私は、科学界の専門家たちにインタビューし、こうした主題について知識を分け与えてもらった。そして、その一流の専門家たちを映画で取り上げることで、こうした科学的事実を広く一般の人々に伝えられるようにした。

映画の製作は、素晴らしい学習体験だった。けれども、いくつかの驚くべきレベルでそれは単なる学習の域を超えている。地下世界から姿を現して踊るキノコたちを捉えたタイムラプス映像の美しさは、私たちを楽しませてくれると同時に刺激を与えてくれる。私たちの神経系や循環器系やインターネット網や宇宙の銀河系にもそっくりな地下の菌糸体のネットワークを旅する映像は、私を完全に圧倒し、観客が興奮して涙ぐむほどの力をもっている。キノコが、その相棒である植物とともに、気候変動への最も有効で迅速な対策となりうることを、私は初めて知った。ポール・スタメッツとスザンヌ・シマードが首唱者となった「マザーツリー」の概念や地下のインターネット網という発想は、ジェームズ・キャメロン監督が映画『アバター』に取り入れた構想の科学的基盤となった。あのスピリチュアルな核がなければ、『アバター』が歴代興行成績の最上位に入る作品となることはなかっただろう。

しかしながら、私にとっての何よりもの収

穫は、菌糸体のネットワークが植物や木をつなげることで、生態系が共生圏となって繁栄することが可能になることを学んだことだった。自然の中で独立して生存している生き物はなく、個体よりも共同体のほうが生存の確率が高い。人間の生き方を考えるうえで、なんと美しく示唆に富んだ模範だろうか。つまり、欲ではなく育成関係と相互協力に基づいた共有経済の中で生きるということだ。

映画『素晴らしき、きのこの世界』の製作には素晴らしく驚異に満ちた側面が多数あったが、そのうちのひとつがアーティストと科学者の協力だった。科学と芸術のあいだには本質的な関係があり、ともに途方もない驚嘆の念を喚起する。地下の菌糸体の場面は、アーティストの手によってアニメ化されたのだが、走査型電子顕微鏡写真を参考にしている。成長するキノコのタイムラプス映像は、照明と映画撮影の技術を使っている。そして、一巡して話を元に戻すと、私は、第一線の菌類学者で才気あふれる発明家でもあるポール・スタメッツに、ミツバチを救う方法を考えてくれと頼んだのだった。ポールは、真のジェダイの騎士のようにこの課題に取り組み、ミツバチを、その減少の主な原因として特定されているウイルス感染から守ることが実地で証明されているキノコの抽出液を開発した。これは、世界の食糧供給を危機から救ってくれるかもしれない。

現在、私たちは環境破壊と技術革新の時代に生きている。今後、私たちにとってきわめて重要なパートナーになりうる菌類のゲノムについては、やっと少しわかりかけたばかりだ。私は将来について希望をもっている。というのは、私たちが直面する最大級の問題の答えが、文字どおり私たちの足元にあるかもしれないからだ。私たちは、自然のインテリジェント・デザインに対して目を開き、自然の驚異に対して心を開かねばならない。私たちが、パートナーであり先祖である菌類を受け入れることができれば、大量絶滅から豊かな環境へと地球の運命を変えることができる。そうすることで、生命をその多様な姿のまま祝福し、讃えるコミュニティを――私たち自身のためにも将来の世代のためにも――育成していくことができるのだ。

［上左から下右］未同定のキノコ
［上右］フウセンタケ属の一種（*Cortinarius*）
［下左］フウセンタケ属の一種（*Cortinarius*）
［下右］ナラタケ（*Armillaria mellea*）

謝辞

ルイ・シュワルツバーグ

映画製作の最初期の段階から励まし、支援してくれた人たちに心から感謝を表したい。彼らがいなければ映画も本書も実現することはなかった——製作パートナーのリン・リアとエリース・ルイ・ステンプ。

先頭に立つ闘士たち、環境保全活動家の仲間たち——レジーナ・スカリー、マーガレット・ベアー、エリザベス・パーカー、アンナ・ゲティー、ジェナ・キング、シャノン・オレアリー・ジョイ、ビルとローリー・ベネンソン、キャロル・ニュウェル、ジェラリン・ドレイフス、ケニー・オーズベル、メロニー・ルイス、スーザン・ロックフェラー、ノーマン・ルアー、シンディ・ホーン、キックスターターのネットワークのみんな。

映画をつくるのは生やさしいことではない！ この勇気ある、革新的かつ反抗的で美しい映画を世に出すために私とともに——文字どおり、そして比喩的な意味でも——「塹壕(ざんごう)に入って」くれた人々に脱帽する——アニー・ウィルクス、ケヴィン・クローバー、コートニー・マーラー、アレックス・フォーク、マーク・モンロー、アダム・ピーターズ、ワイリー・ステートマン、サラ・ラモ、バーナビー・スティール、ロビン・アリストレナス、そしてヴィクトリア・メセザン。

また、映画のインスピレーションをくれ、完成まで導いてくれた「キノコ族」のみんなに格別の感謝を——ポール・スタメッツ、スザンヌ・シマード、ユージニア・ボーン、マイケル・ポーラン、アンドルー・ワイル、アンソニー・ボッシス、ウィリアム・リチャーズ、ローランド・グリフィス、ビル・リントン、ロバート・ジェシー、チャールズ・グロブ、デニス・マッケナ、ジェイ・ハーマン、アレックスとアリソン・グレー、ゲイリー・リンコフ、それから活気あふれるテルユライド・マッシュルーム・フェスティバル。

キノコの声を演じてくれたブリー・ラーソン、そして、本書の発行人で、インサイト・エディションズ、アース・アウェア・エディションズ、マンダラ・パブリッシングの責任者として格別に美しく、心を揺さぶる本をつくるラウール・ゴフに特別な感謝を。

索　引

【写真クレジット】
カバー写真 © Art Wolfe
p2-3, 26, 63, 206-207 © Art Wolfe
p8, 11, 44-45, 46, 47, 53, 88-89, 144-145, 201, 210, 211, 231 © Ian Shive
p70, 148, 159, 162, 166, 167, 168, 190, 194, 195, 201 © Paul Stamets
p8, 11, 12, 13, 18, 20, 31, 65, 67, 79, 80, 129, 130, 150, 151, 164, 186, 187, 188, 224, 225 © Taylor Lockwood
p38 © Bolt Threads
p173 © Alex Grey
上記以外の写真 © Moving Art

【編著者】
ポール・スタメッツ（Paul Stamets）

1955年生まれ。アメリカの菌類学者。菌類に関して、生活環境から医薬への用途や生産まで、学界および産業界における第一人者と言われている。米国科学振興協会（AAAS）の発明大使賞（2014～2015年）、北米菌類学会（NAMA）の全米菌類学者賞（2014年）、米国菌学会（MSA）からゴードン&ティナ・ワッソン賞（2015年）など数多くの賞を受賞。

【日本語版監修】
保坂健太郎（ほさか・けんたろう）

1976年神奈川県生まれ、茨城県つくば市育ち。国立科学博物館植物研究部、菌類・藻類研究グループ研究主幹。琉球大学理学部卒。オレゴン州立大学で博士号取得後、シカゴのフィールド博物館でポスドクを経て現職。主な著書に『きのこの不思議――きのこの生態・進化・生きる環境』（誠文堂新光社）、『小学館の図鑑 *NEO* きのこ』、『増補改訂新版 日本のきのこ』（山と渓谷社）をはじめ、漫画、絵本なども多数監修。

【訳者】
杉田真（すぎた・まこと）

英語翻訳者。日本大学通信教育部文理学部卒業。訳書に、ライト『エッセンシャル仏教』（共訳）、ブランド他『ビジネスアイデア・テスト』、ラッゼスバーガー『データ駆動型企業』など。

武部紫（たけべ・むらさき）

英語・フランス語翻訳者。東京大学文学部卒業。京都大学人間・環境学研究科修士課程修了。

FANTASTIC FUNGI
Editor and Contributor by Paul Stamets

ヴィジュアル版
素晴らしき、きのこの世界
人と菌類の共生と環境、そして未来

●

2021年12月30日 第1刷

編著者…………ポール・スタメッツ
日本語版監修…………保坂健太郎
訳者…………杉田 真／武部 紫

装幀…………伊藤滋章

発行者…………成瀬雅人
発行所…………株式会社原書房

〒160-0022 東京都新宿区新宿 1-25-13
電話・代表 03（3354）0685
http://www.harashobo.co.jp
振替・00150-6-151594

印刷…………シナノ印刷株式会社
製本…………東京美術紙工協業組合

ISBN978-4-562-05985-0, Printed in Japan